KB269666

이어령의 교과서 넘나들기

콘텐츠 크리에이터 **이어령** | 글 **이동은** | 그림 **나연경** | 기획 **손영운**

디지털편 ① 디지털시대와 우리의 미래

살림

생각을 넘나들며 다양한 지식을 익히는 융합형 인재가 되세요!

우리는 지난 몇 년간 엄청난 변화를 겪었습니다. 과학기술과 정보통신기술의 비약적인 발전으로 인해 지난 시절 몇 세기에 걸쳐 누적된 삶의 변동보다 훨씬 더 크고 빠른 변화를 경험해야 했던 것이지요. 스마트폰 같은 디지털 기기들과 트위터, 페이스북 같은 소셜 네트워크 서비스들은 불과 1~2개월의 시간 동안 우리 삶의 방식을 일순간에 바꾸어 놓았습니다. 당연히 지난 시절에 유용했던 생각과 지식 역시 크게 달라질 수밖에 없습니다. 이럴 때 우리 아이들은 미래를 위해 무엇을 준비하고 공부해야 할까요?

저는 이런 이야기를 좋아합니다. 옛날 어떤 사람이 우연히 산속에서 신선을 만났습니다. 신선에게 소원을 말하면 들어준다는 말에 그 사람은 신선을 붙들고 놓아 주지 않았지요. 그리고 신선에게 말했습니다. "저기 저 바위를 황금으로 바꿔 주세요." 다급해진 신선이 지팡이를 휘둘러 커다란 바위를 황금으로 바꾸어 주었습니다. "이제 놓아다오." 그때 그 사람이 눈을 반짝이며 말했습니다. "소원이 바뀌었어요. 그 지팡이를 제게 주세요."

이 이야기는 단순히 고기 잡는 방법을 가르쳐야 한다는 말이 아닙니다. '황금'이라는 창조물에서 황금을 창조하는 '방법'으로 생각을 이동시킬 수 있는 능력이 중요하다는 말입니다. 우리 아이들이 주역이 될 미래는 다양한 방면으로 바라보고 가로지르고 융합할 수 있는 '생각의 능력'이 더없이 중요해지는 시대입니다.

콜럼버스의 일화를 소개할까요. 콜럼버스가 신대륙에 상륙했을 때 어딘가에서 새소리가 들렸습니다. 콜럼버스는 그 새소리를 종달새 소리라고 적었지만, 나중에 밝혀진 바로는 그곳에 종달새는 살지 않았답니다. 콜럼버스는 자신이 알고 있는 지식에 묶여 새(bird) 소리를 새(new) 소리로 듣지 못했던 것입니다. 이런 관습적인 사고가 과거의 생각 방식이었다면 이제 중요해지는 것은 '순환적인 사고'와 '양면적인 사고', 서로 다른 분야를 함께 생각할 수 있는 '복합적인 사고'입니다.

다행히 우리 민족은 이미 오래전부터 이런 사고방식을 부지불식간에 사용하고 있었습니다. 언어적으로 봐도 서양은 한쪽 면만 표현하는 반면 우리는 항상 양면성을 고려했습니다. 고층건물에 있는 '엘리베이터'는 그 뜻을 해석하면 이상합니다. '오르는 기계'라는 뜻이니까요. 우리는 '승강기'라고 씁니다. '오르내리는 기계'라는 뜻이지요. '열고 닫는다'는 뜻의 '여닫이', 나가고 들어온다는 뜻의 '나들이', 이런 어휘들은 양면적인 사고가 잘

반영되어 있습니다.

순환적 사고란 무엇일까요. 가위, 바위, 보에서 '가위'의 의미에 주목해 보도록 하지요. 바위와 보만 있는 세계는 항상 결과가 자명한 세계입니다. 모두 오므리거나 모두 편 것, 이것 아니면 저것만 있는 세계에서는 다양함이 나올 수 없습니다. 그러나 '가위'가 있어서 가위, 바위, 보는 예측 불가능한 결과를 가져올 수 있는 다양성을 갖게 됩니다. 우리는 바로 그 '가위'와 같은 것을 상상해 내고 생각할 줄 알아야 합니다.

그러자면 서로 다른 분야를 넘나들면서 다양한 지식을 융합적이고 통섭적으로 습득해야 합니다. 쓰고 남은 천들은 버려지는 것이 아니라 조각보로 훌륭하게 다시 만들어질 수 있고, 배추 쓰레기가 '시래기'라는 웰빙음식으로 재탄생할 수 있게 만드는 지식의 습득과 활용이 필요합니다.

그렇게 자라난 우리 아이들은 과거와는 다르게 모두가 1등이 될 수 있는 사회에서 풍요로운 삶을 살 수 있을 것입니다. 저는 늘 이렇게 말합니다. "남다른 생각과 지식을 가지고 360도 방향으로 제각기 뛰어나가 그 분야에서 1등이 되어라. 옛날처럼 성적순으로 1등부터 꼴찌까지 줄 세우는 시절이 아니다. 그렇게 저마다의 소질과 생각에 맞는 분야에서 1등이 되어 손 맞잡고 강강술래를 돌아라. 그런 아름다운 세상에서 살아라."라고 말이지요.

스티브 잡스는 스탠퍼드 대학교의 엘리트들에게 이렇게 말했습니다. "Stay hungry, stay foolish!" 졸업하면 성공이 보장된 인재들에게, 그리고 최고의 지성으로 무장한 졸업생들에게 '항상 바보 같아라'라고 말한 것은 어떤 의미일까요. 기존의 지식으로 무장한 사람일수록 세상을 바꿀 뛰어난 생각은 바보같이 느껴진다는 의미가 아닐까요. 현재의 관점에서 불가능할 것 같고 황당하고 쓰임새가 없어 보이는 상상 속에 우리가 예측하지 못했던 엄청난 혁신과 가치가 숨어 있다는 것을 스티브 잡스는 말하고 싶었던 겁니다.

〈이어령의 교과서 넘나들기〉가 우리 젊은 학생들이 그런 행복한 미래(future)에 대한 비전(vision)을 갖는 데 꼭 필요한 융합형(fusion) 교양 지식을 익히고 생각의 넘나들기를 익힐 수 있는 좋은 계기가 되기를 바랍니다.

이어령

지식 대융합 시대의 창조적 교양인을 꿈꾸는 여러분께

현대 사회는 'T자형 인간'을 요구한다고 합니다. 'T자형 인간'이란 자기 분야는 물론이고, 다른 분야에도 깊은 이해가 있는 종합적인 사고 능력을 가진 사람을 일컫는 말입니다. 'T'자에서 '—'는 횡적으로 많이 아는 것을, 'ㅣ'는 종적으로 한 분야를 깊이 아는 것을 의미하지요.

왜 현대 사회는 T자형 인간을 원할까요? 그 이유는 21세기가 '지식 대융합의 사회'를 지향하고 있기 때문입니다. 현대는 하루가 다르게 새로운 개념의 첨단 전자 제품이 나오고, 그것이 우리의 지식 정보 전달 시스템을 통째로 바꾸고, 그 결과 문명의 방향이 달라지는 시대입니다. 이 변화무쌍한 현실을 이해하고 이끌어 나갈 수 있는 힘은 오로지 창조적이고 통합적인 상상력과 직관을 가진 'T자형 인간'으로부터 생산되기 때문입니다.

하지만 우리의 현실을 보면 앞이 아득합니다. 'T자형 인간'이 되어 21세기 대한민국을 이끌고 나가야 할 청소년들은 빡빡한 학교 수업과 학원 일정에 쫓겨 다람쥐 통의 다람쥐처럼 제자리 돌기만 하고 있습니다. 학교와 교과서를 통해 배운 지식을 단순히 입시 수단으로만 여기고 있습니다. 학교에서 배운 지식을 다른 지식과 잘 연결하고 융합시켜 지적 능력을 키우는 일에는 관심 밖입니다.

〈이어령의 교과서 넘나들기〉 시리즈는 안타까운 우리 청소년들의 지적 현실을 타개하기 위해 만든 책입니다. '5천 년 인류 문명이 이룩한 모든 교양을 만화로 읽는다.'는 생각으로 만화가 가지는 유머와 재미라는 틀 안에 그동안 인류가 축적한 다양한 지식을 담았습니다. 단순히 한 가지 학문만을 다루는 것이 아니라 다양한 학문이 통합된 융합형 교양 지식을 담아 청소년들이 현대 사회를 창조적으로 살아갈 수 있는 능력을 기를 수 있도록 만들었습니다.

앞으로 디지털, 과학, 문학, 심리, 경제 등 인류 문명의 토대가 되는 지식을 담은 재미있고 명쾌하지만 결코 가볍지 않은 멋진 만화책들이 차례로 독자들 앞으로 찾아갈 것입니다. 우리 청소년들이 이 책들을 읽고 '지식의 대융합 시대'를 선도하는 'T자형 인간'을 꿈꾸는 모습을 보기를 간절히 소망합니다.

기획 **손영운**

가상과 현실을 넘나드는 디지털 여행이 시작됩니다

21세기는 디지털의 시대입니다. 오늘날 우리는 디지털을 우리 삶의 편의를 제공해 주는 도구만이 아닌 삶 그 자체로 여기며 생활하고 있습니다. 이전 시대와는 비교할 수 없을 정도의 빠른 속도로 정보를 전달하기도 하고 학교에 가지 않고 최고의 교육을 받을 수도 있습니다. 아바타를 통해 가상과 현실을 넘나들며 현실과는 다른 나를 경험하고, 소비자이면서 동시에 생산자로서 창의적인 1인 미디어 예술가의 삶을 살아가기도 합니다.

여행을 떠나면 더 잘 알 수 있는 것들이 많습니다. 익숙했던 일상은 여행을 통해 새롭게 다가오기도 합니다. 지금부터 우리는 디지털 은하계를 여행하려 합니다. 그리고 이 책은 디지털 은하계를 여행하는 히치하이커를 위한 안내서가 될 것입니다. 여행하는 내내 우리는 디지털이 어떤 원리를 가지고 출현했는지, 디지털 기술이 우리의 의식구조, 생활양식, 정치와 경제, 그리고 이야기 예술과 문화를 어떻게 변화시키고 있는지 등을 다양한 사례를 통해 살펴볼 것입니다. 이를 통해 인간의 과거와 현재와 미래, 그리고 무엇보다 '나'에 대해 다시금 생각해 보는 기회를 갖게 되기를 희망합니다.

글 이동은

디지털시대를 살아 가는 우리를 위한 놀라운 지침서!

디지털이라는 말을 처음 들으면 어떤 생각이 드나요? 저는 애니메이션 〈월-E〉나 영화 〈터미네이터〉에서 나오는 암울한 미래의 모습이 생각나기도 합니다. 하지만 디지털의 발전 덕택에 우리 인류가 도움을 받은 것들도 많이 있습니다. 디지털이 없었더라면 지금 우리 곁에서 흔히 볼 수 있는 휴대전화, MP3 플레이어, 게임기, 노트북 컴퓨터 같은 것들도 없었을 것입니다. 이처럼 디지털은 우리가 좀 더 편리하게 살아갈 수 있도록 도와주는 친구 같은 존재가 아닐까요? 디지털 기술을 통해 우리는 지구 반대편 친구들의 모습을 바라보며 통화를 할 수 있고, 이메일을 주고받을 수 있고, 그들의 생활을 동영상으로 볼 수도 있습니다. 우리들의 삶이 어느 한 지역에 국한되지 않고 전 세계로 퍼져 나갈 수 있도록 도와주고 있는 것이죠. 저는 이 책이 여러분께 디지털 기술을 어떻게 이용해야 좋을지 알려 주는 작은 지침이 되었으면 합니다. 그래서 여러분께서 21세기 디지털시대의 교양인으로 슬기롭게 성장하시길 바랍니다.

그림 나연경

이어령의 교과서 넘나들기 디지털편 ❶

1장 디지털시대는 어떻게 시작되었을까? · · · 8

문화와 디지털 디지털시대의 문화 혁명을 여는 3D 영화 · · · 28

2장 우리가 0과 1로 이루어진 세계에 살고 있다고? · · · 30

기술과 디지털 진짜 스미스는 누구일까? · · · 48

3장 디지털 네이티브와 디지털 이미그런트 · · · 50

심리와 디지털 나는 디지털 네이티브일까? · · · 68

4장 시루떡에 디지털 정보 원리가 숨어 있다! · · · 70

지식과 디지털 디지털시대의 스승은 인터넷 검색 사이트 · · · 88

5장 함께 모이면 더 강해지는 참여 군중의 힘 · · · 90

사회와 디지털 나는 네가 지금 무엇을 하는지 알고 있다 · · · 108

6장 디지털시대의 예술은 비빔밥이다 · · · 110

영화와 디지털 킹콩 없이 영화 〈킹콩〉을 찍다 · · · 128

7장 학교에 가지 않아도 된다고? · · · 130

교육과 디지털 게임처럼 가지고 노는 책이 온다! · · · 148

8장 아직도 백화점에서 쇼핑하니? · · · 150

경제와 디지털 굿 다운로더가 됩시다 · · · 168

9장 디지털시대의 두 가지 얼굴 · · · 170

게임과 디지털 현실에서는 마법사가 아닌 거 알지? · · · 188

10장 디지털시대의 미래는 어떤 모습일까? · · · 190

철학과 디지털 내 귀에 도청 장치가 있다! · · · 208

부록 융합형 인재를 위한 교과서 넘나들기 핵심 노트 · · · 210

1장 디지털시대는 어떻게 시작되었을까?

디지털 카메라로 사진을 찍을 때
"찰칵" 하는 셔터 소리가 나잖아?

디지털 기기지만
수동 카메라의 아날로그적인
감성을 담아서

사진을 찍을 때 추억을
담는 기분이 들도록
한 거지.
어때?
장동건같이
나오니?
엥?

마우스와 같은 입력장치인 태블릿(tablet)도 그래.
종이와 연필을 쓰는 것처럼 태블릿 판에
태블릿 펜을 이용해서

쓰는 사람의 개성이 담긴 글씨를
쓰거나 그림을 그릴 수 있게 하지.
뭐, 능력에 따라
다르긴 해.

세계적인 비디오 아티스트 백남준 작가의
설치 작품에서도 디지로그의 정신을 볼 수 있어.

특히 〈TV 부처〉라는 작품은 동양과 서양, 과학과 정신과 예술 등의
여러 요소가 융합된 작품으로 디지로그 정신이 돋보인다는
평가를 받고 있어.

디지털 사회에 인간적인 상상력과 아날로그적인 감성을 융합시키면

이 시대의 비전을 담은 메시지가 바로 '디지로그'인 거야.

패러다임 : 어떤 한 시대 사람들의 견해나 사고를 지배하고 있는 이론적인 틀이나 개념의 집합.

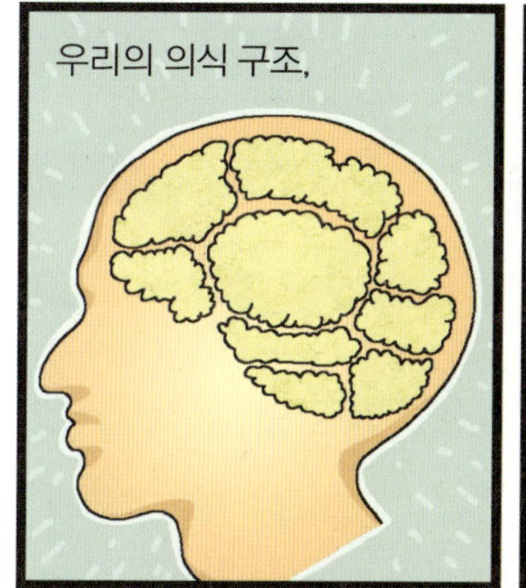

디지로그 세상의 주역은 바로 우리니까.
저요?
자, 그럼 지금부터 인류 문명에 디지털 문화가 나타나게 된 역사를 되짚어 가면서 디지털의 정체를 밝혀 볼까?
수백만 년 전, 지구 상에 인류가 처음 나타났어.
신체적으로나 지능에 있어 오늘날 인류의 조상이라 할 수 있는 크로마뇽인은 약 3만~4만 년 전에 나타났어.
그게 접니다.

지금은
원시시대

원시인들은 나무 열매와 풀뿌리 등을 채집하고 짐승이나 물고기를 잡아먹으면서 살아갔어.

사냥을 하는 사냥꾼들은
사나운 짐승으로부터 공격을 당하는 일이 많았는데

돌을 깨뜨려서 만든 무기를 가지고 사냥을 나간 사냥꾼 무리가 맹수로부터 무차별 공격을 당했지.

그날도 다른 날과 다르지 않았어.

가까스로 목숨을 구한 사냥꾼 하나가 마을로 돌아가 이 비극적인 사실을 마을 청년들에게 전했고,
크, 큰일났어요. 헉헉!

친구를 잃은 청년은 복수를 위해 창을 집어 들었어.

그리고 그는 맹수를 무찌르는 데 성공했지.

복수에 성공한 청년은 마을로 돌아와 자신의 용맹스러웠던 사냥 이야기를 자랑하듯 마을 처녀들에게 떠들어 댔겠지?

처녀들은 청년의 과장된 동작을 보면서(시각)
내가 그때..
...거기서...
그 순간,...
그래서...그리고..

그의 이야기를 들었어(청각).

창이 꽂힌 채 바닥에 널브러져 있는 맹수의 비릿한 피 냄새를 맡고(후각),
으~ 냄새!

손으로는 맹수를 툭 건드려 보거나 청년의 우람한 알통을 만져 보기도 했지(촉각).

생생하고 흥미진진한 승리담을 전해 들은 처녀들은 아마도 청년에게 마음을 빼앗기지 않았을까?
오빠! 여기 좀 봐 주세요! 사랑해요!
뒤로 가세요.
사랑해!

이게 바로 구술문화시대의 커뮤니케이션 방식이야.
원시시대
=
구술문화시대

이 시대의 모든 정보는 입에서 입으로 전달되었어.
정보

인간은 모든 감각을 동원하여 공감각적으로 세상을 바라보았지.

커뮤니케이션의 발화자(청년)는 상황을 자세히 설명하기 위해 다양한 동작을 보이며, 심지어 성대모사도 마다하지 않아.

구술문화는 이처럼 장황하긴 하지만 말을 하는 사람과 듣는 사람이 서로 어울리도록 하기 때문에 감정적인 성격을 가지고 있어.

그런데 말이라는 건 말해지는 순간 연기처럼 금방 사라지는 특징을 가지고 있어.
말

아무리 똑똑한 사람이라도 방금 들은 말을 똑같이 기억해 낼 수는 없는 일이지.
선생님이 아프시대.
선생님 엉덩이가 아프시대.
선생님이 악성 치질이시래.
뭐?

게다가 말을 전달하면서 원래의 이야기와는 다르게 전달되는 경우도 많아.
선생님! 엉덩이에 악성 종양이 있다면서요?
뭐? 내가?

환경의 영향을 받을 수도 있고,
피망!!
비만?
이발?

듣는 사람이 사오정일 수도 있고,

또 자기 생각을 섞어서 이야기를 바꿔 전달하는 경우도 있어.
쟤가 너보고 먹을 것만 밝히는 뚱보래.
…

그러니 자연히 오해가 일어나는 경우가 많아졌겠지?
뭐라고?
…
으악! 뭐야, 너?

그것이 바로 글자야.

그래서 사람들은 소리를 멈춰서게 하고,
과속하셨습니다. 면허증 제시 부탁드립니다.
소리

소리를 소유할 수 있는 방법을 고안해 냈는데,
그 주머니에 노래가 들어 있는 거로구먼? 맞지? 그거 내놔.

글
文
word

그리고 한글은 1443년 세종대왕에 의해 만들어졌지.

아주 오래전에는 종이 대신 나무껍질, 파피루스, 양피지 같은 곳에 글을 썼어. 필기도구 역시 여러 종류의 나무나 돌 같은 거였는데,

그런데 이와 같은 글자를 잘 사용하기 위해서는 특별한 훈련이 필요했어.

그렇기 때문에 고대 철학자인 플라톤은 글을 쓰는 것을 기술(technology)이라고 생각했지.

지금 우리가 컴퓨터를 통해 글을 쓰는 것을 기술로 생각하는 것처럼 말이야.

즉 말하는 것이 모든 사람들에게 해당되는 자연스러운 문화였다면

문자 문화는 훈련이 필요한 인공적인 문화였던 거야.

그것이 중요시 되었던 까닭은 글에 놀라운 영속성(계속되는 성질)이 부여되었기 때문이야.

반면 글쓰기는 인간의 사고나 표현에 체계성, 정확성 등을 부여했어.
…을 부여한다.
감사합니다! 충성!
글쓰기

글에는 몸짓도 표정도 목소리의 억양도 없고, 직접 듣는 사람도 없기 때문에 독자에게 어떤 의미를 전달하기 위해서는 정확한 규칙이 필요했지.
날 잡으려면 증거를 가져와.
윽, 분하다.

무엇보다 글로써 소통하는 시대에는 공감각을 중요시하던 구술문화시대와는 달리 시각이라는 감각을 중요시하게 되었어.
비켜! 이젠 나의 시대라고!
어이쿠!
시각
공감각

그런데 이 필사문화시대의 문제점은 책 한 권을 만드는 데 너무 오랜 시간이 걸린다는 거야.

생각해 봐.

인쇄기가 없던 당시에 책을 만들 때는 직접 베껴 써야 했거든. 이런 일을 '필사'라고 했지.
아~ 무슨 내용이 이리도 많냐? 팔 아파.

한 수녀가 구약 성서 창세기에서 요한계시록까지 성경 한 질을 필사하는 데는 3~4년씩 걸렸고, 그렇게 만들어진 책은 높은 성직자만 볼 수 있었어.
저도 한 권만….

그렇게 책이 귀한 탓에 평범한 사람들은 책을 접하기 힘들었지.
허허. 50년 만에 내 손에 들어왔구먼.

지금은
인쇄문화시대

그래서 발명된 것이 바로 인쇄술이야.

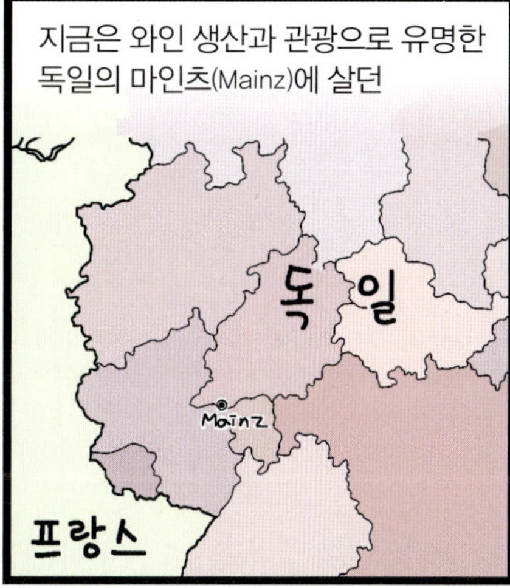

지금은 와인 생산과 관광으로 유명한
독일의 마인츠(Mainz)에 살던
독 일
Mainz
프랑스

요하네스 구텐베르크는 15세기 중엽(1444년)에
활판 인쇄술을 발명했어.

그리고 3년 동안 180질의 성서를 인쇄하는 데 성공했어.
180질
1권 필사 중.

이때 만들어진 성서는 지금 독일 마인츠에 있는
구텐베르크 박물관에 전시되어 있어.

어쨌든 인쇄술의 발명은
인류 역사의 획을 긋는
사건이었어.

영국의 철학자 프랜시스 베이컨이
"아는 것이 힘이다."라는 말을
했듯이,

인쇄술에 의해 지식과 정보가
널리 퍼지면서 대중의 힘은
점점 커지게 되었지.
옛다.

특히 장황한 말 대신 수식이나 도표를 통해
지식을 설명할 수 있게 되었고,
우와!

같은 책을 무수히 만들어
퍼뜨릴 수 있게 되었어.

그리고 많은 말을 담은 사전도
만들게 되었는데,

올바른 언어를 위한 규칙을 세우고자 하는 이런 일들로부터
언어의 표준화가 시작되었지.
언어의 표준화
언 어

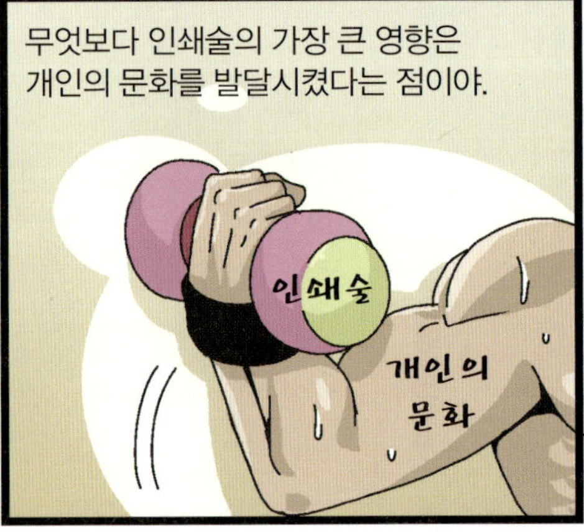
무엇보다 인쇄술의 가장 큰 영향은
개인의 문화를 발달시켰다는 점이야.
인쇄술
개인의
문화

책은 소유하기 쉽게
크기가 점점 작아지고

개인이 한 권씩 소유할 수 있게 되면서

친구의 무용담까지도 조용한 방 안에서
혼자 책을 통해 읽을 수 있게 되니

그런데 인쇄술 역사에 있어
조금 안타까운 사실은
우리의 금속 활자야.

사실 인쇄술은 7~8세기에
중국에서 발명됐어.

목판 인쇄술이었기 때문에 선명하지
않고 시간이 지나면 나무가
문드러지기 때문에 글씨를 알아보기
힘들다는 단점이 있었지.

이런 단점을 보완하면서 판마다 글자를 새로 조판할 수 있는
'금속 활자'가 바로 14세기 고려 시대에 최초로 발명된 거야.

구텐베르크보다 100년이나 앞선 발명이었지.

우리의 활판 인쇄술은 조선 시대에 이르러
크게 발전했지만, 조선의 쇄국 정책 탓에
세계에 전해지는 데 어려움이 있었어.

쇄국 정책을 쓰지 않았다면 지금 세계 역사책에
구텐베르크의 활판 인쇄기 대신 우리의
금속 활자가 기록되어 있을 텐데….

아쉬운 일이야.

지금은
전기시대

전기시대는 인쇄문화시대를 지나
19세기부터 시작되었어.
어서 오세요.
지금부터는
전기시대
입니다.

패러데이와 와트를 비롯한 많은
과학자들이 전기를 연구하게
되었는데,
따끔거리네?
밝기도 하고.

전기의 발견은 많은 과학자들로
하여금 다양한 전기 발명품들을
만들게 해서 산업사회의 시작을
앞당겼지.

스티븐슨은 최초로 증기 열차를
발명했고,

노벨은 다이나마이트를,
수틀리면
다 같이 죽는 겨.
오싹

에디슨은 1877년에는 축음기를 만들고

1879년에는 백열전등을, 1891년에는
영화 촬영기와 영사기를 발명했어.

미디어 학자인 마셜 매클루언은 전기의 발명이 인류 문명에 힘과 속도를 증대시키면서 인간의 영역을 확장시켰다고 말했어.

전등은 어둠의 공포에서 인간을 벗어나게 해 주었고,
이 거리에 전등이 있어서 참 좋다.
그러게. 어두워서 무서웠는데.

축음기는 글로 쓰인 말을 소리로 듣게 해 주었어.
ㄱ ㄴ ㄷ ㄹ ㅁ ㅂ ㅈ

라디오와 텔레비전은 거리의 한계를 극복하고 같은 시간에 먼 거리로 정보를 전달하는 일을 해냈지.

'식량을 수집하는 인간'이었던 인류가 '정보를 수집하는 인간'으로 다시 태어난 거야.
먹을 게 최고!

그리고 인쇄시대에서 중요하게 여겨지던 시각 중심 문화는 전기시대로 넘어오면서 사진과 텔레비전, 영화 등의 이미지와 동영상을 통해 정점에 이르게 되었어.
이젠 보는 거야!
시각 중심 문화

그리고 지금에 이르렀지.

지금은 디지털시대

21세기는 전화, 라디오, 텔레비전의 전기시대를 거쳐 인터넷을 주축으로 하는 디지털시대를 맞이하고 있어.
어서 와!

수많은 정보를 아주 작은 기기에 저장하고,
작다고 얕보지 마.
USB 메모리

이전 시대와는 비교도 할 수 없을 정도의 빠른 속도로 정보를 전달하지.

누구나 창작자가 될 수 있고

학교에 가지 않아도 최고의 교육을 받을 수 있는 환경을 제공하고
졸지 마!

디지털 문화의 정점이라고 하는 게임을 통해 백만장자가 되는 세상이야.

그야말로 현실보다 더 현실 같은, 상상하는 모든 것을 만나고 경험할 수 있는 시대가 된 거야.

디지털시대의 시작은 과학 기술의 뒷받침이 있었기에 가능했어.
…
디지털시대
과학 기술

그러나 디지털은 단순히 데이터를 처리하는 기술이 아니야.
일 더하기 이는?
삼!
3
디지털

니콜라스 네그로폰테(Nicholas Negroponte)를 비롯한 수많은 미디어 연구가들의 말처럼

우리는 디지털을 '사회와 문화의 패러다임을 바꿀 현상'으로 생각하고 이해해야 해.
무슨 말인지 알겠니?
네!

말과 글, 그리고 영상을 넘어서
말
글
영상

같은 시대를 사는 사람들의 세계관과 생각의 얼개를 어떻게 변화시키고 있는지를 주목해야 한다는 말이지.
흐음….

전 세계 방방곡곡과 네트워크를 이루며
네트 워크

세계를 융합시켜 나가는 디지털 문화에 대해 지금부터 자세히 살펴보기로 하자.
자, 가 볼까?

디지털 시대의 문화 혁명을 여는 3D 영화

최초의 영화인 뤼미에르 형제의 〈열차의 도착〉(1895)은 대사도 배경 음악도 없는 흑백 화면뿐이었어요. 그런데 당시 관객들은 영화가 시작하자마자 앞다투어 극장을 빠져나갔다고 해요. 영화를 처음 보는 관객들이 기차가 자신을 향해 달려오는 줄로 착각했기 때문이에요. 이 일화는 영화가 당시 사람들에게 얼마나 큰 충격을 주었는지를 말해 줘요.

그런데 최초의 영화가 인류에게 주었던 충격만큼이나 거대한 문화 혁명이 지금 일어나고 있어요. 3D 영화(3차원 입체 영화)가 바로 그것이에요. 3D 영화는 영화의 역사를 거슬러 올라가면 세 번째 영화 혁명에 속해요. 첫 번째 영화 혁명은 영화를 보면서 배우들의 대사와 음향, 음악 소리를 들을 수 있게 만든 유성 영화예요. 최초의 유성 영화 〈재즈 싱어〉(1927)의 주인공 목소리가 극장에 울려 퍼지자 관객들은 "누가 극장에서 떠드느냐?"며 주위를 둘러보았다고 해요. 두 번째 영화 혁명은 〈바람과 함께 사라지다〉(1939)의 흥행과 함께 시작된 컬러 영화예요. 두 번의 혁명으로 영상과 음향, 색채가 입혀진 영화는 대중 예술의 핵심이 되었어요.

그리고 2009년, 제임스 캐머런 감독의 영화 〈아바타〉의 성공으로 3D 영화가 대중화되면서 세 번째 영화 혁명이 시작되고 있어요. 3D 영화는 입체감이 사실적으로 느껴지는 영화를 말해요. 3D 영화의 입체감은 사람의 두 눈이 가로 방향으로 약 65밀리미터 떨어졌기 때문에 나타나는 양안 시차(binocular disparity) 때문에 생겨요. 양안 시차는 양쪽 눈에 보이는 상의 차이를 말하는데, 서로 다른 상을 보는 두 눈은 망막을 통해 두 개의 이미지를 뇌로 전

입체감이 느껴지는 3D 영화

달해요. 뇌는 이 두 개의 이미지를 합쳐서 우리가 세계를 볼 때 입체감을 느낄 수 있게 하죠. 3D 영화는 이 원리를 이용해 화면을 보면서도 입체감을 느끼게 만들어 줘요. 때문에 우리는 3D 영화를 보면서 일반 영화에서는 느낄 수 없는 생동감과 현전감(現前感)을 느껴요.

3D 영화의 대중화를 불러온 영화 〈아바타〉.
© 21세기 폭스사.

영화에서 현전감이라고 하면 마치 내가 영화 속 장소에 다른 주인공들과 함께 있는 것 같은 느낌을 말해요. 눈앞으로 날아오는 공을 잡기 위해 손을 뻗고, 뒤쫓아 오는 공룡을 피하기 위해 주인공처럼 온몸을 좌우로 움직이기도 해요. 영화 속 주인공이 된 듯한 느낌, 그 느낌이 바로 현전감이에요.

현전감 때문에 콘텐츠의 생생함이 살아나요. 기존의 영화에서 단순하게 보고 듣는 것만으로 콘텐츠를 즐겼다면, 3D 영화에서는 스크린이라는 장벽을 넘어서 영화 속 장면 장면들이 바로 눈앞에 있는 것 같은 생생함을 느낄 수 있게 되었어요. 때문에 3D 기술은 특히 스포츠나 게임 등에서도 적극 활용되고 있어요.

이제는 심지어 3D 영화에서 한걸음 더 나아가 인간의 오감을 최대한 자극하는 4D 영화까지 등장했어요. 4D 영화는 영화 속 장면을 다양한 감각을 통해 체험하게 하는 영화로, 영화 속 장면에 맞게 꽃향기를 뿌려 주거나 바람을 불러일으키고 의자가 흔들리게 하는 등 다양한 방법으로 관객의 감각을 만족시켜요. 뿐만 아니라 〈스타 워즈〉〈마이너리티 리포트〉와 같은 공상 과학 영화에서 이미 오래전에 선보인 홀로그램(Hologram) 등의 기술도 우리의 감각을 더욱 넓혀 주고 있어요. 이처럼 디지털 시대의 문화는 인간의 오감을 자극하는 공감각적인 문화로 발전하고 있어요.

2장 우리가 0과 1로 이루어진 세계에 살고 있다고?

디지털의 혁명도 바로 커뮤니케이션 기술의 발전에서 비롯되었는데
커뮤니케이션
인간의 문명
디지털 혁명
엄마.

시간과 공간의 제약을 뛰어넘어 정보를 전달하는 방법들을 고안해 낸 학자들이 있었기에 지금의 디지털시대를 맞이하게 된 거야.
우리 덕분이야!

그중 디지털시대를 여는 중요한 기술을 개발한 사람은 클로드 섀넌(Claude Shannon, 1916~2001)이라는 과학자야.

클로드 섀넌은 미국 MIT 대학원에서 전기공학과 수학을 전공했고

제2차 세계대전 때에는 암호 해독가로 활약하기도 했대.
대, 대장님…. 바보?
이거 놔!
놔 봐!

우리가 너무 잘 알고 있는 토머스 에디슨의 먼 친척이기도 한 섀넌은

재학 시절부터 정보를 효과적이고 빠르게 전달하는 방법에 관심이 많았다고 해.

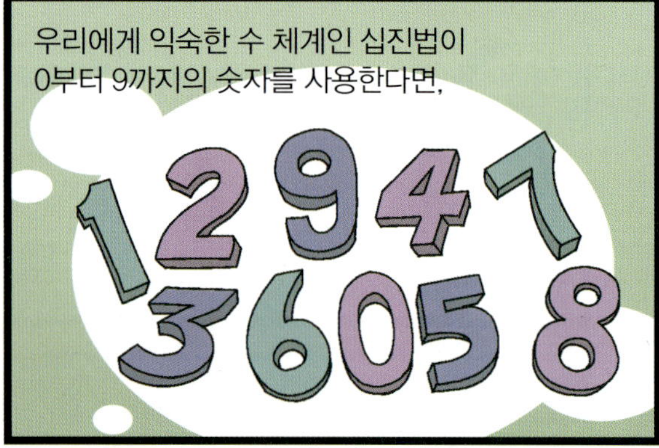

십진법		이진법
0	=	0
1	=	1
2	=	10
3	=	11
4	=	100
…		
10	=	1010

끊임없이 변화하는 천지 만물의 원리를 설명하고 있는 심오한 철학책인데

이 책에 바로 이진법의 원리가 담겨 있어.

어느 날 부베는 『주역』 앞부분에 나오는 그림을 편지에 담아서 라이프니츠에게 전달했어.

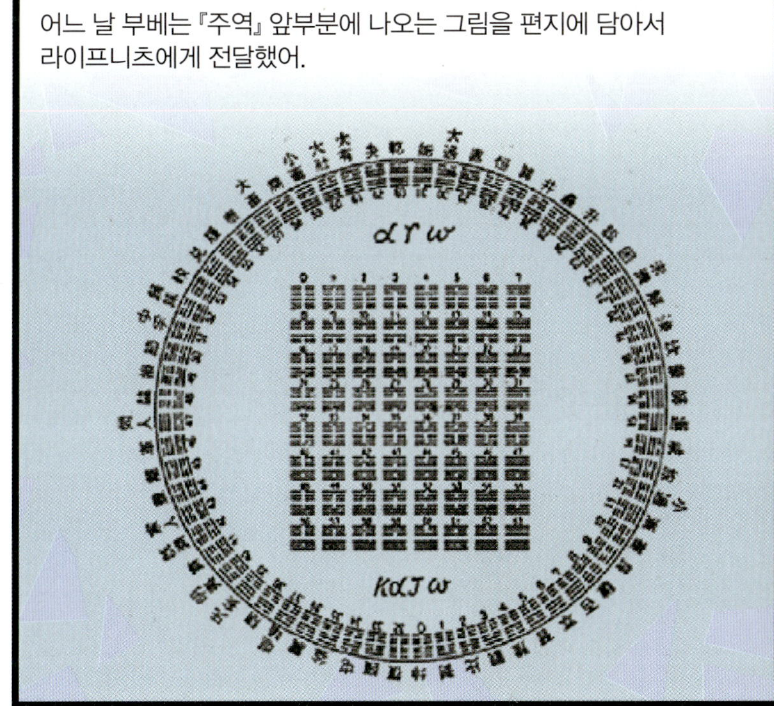

라이프니츠는 이 그림을 받아 보고 이미 오래 전에 이진법의 논리가 동양에 있었다는 사실에 깜짝 놀랐대.

세상의 이치를 꿰뚫는 것 같은 『주역』의 체계에 감동한 라이프니츠는 이를 더 깊이 있게 연구하기 시작했고
감탄만 할 때가 아냐!

결국 파리 아카데미에서 이진법이라는 새로운 수 체계에 관한 논문을 발표하게 되었어.

그럼 『주역』의 원리가 어떻게 이진법과 맞닿아 있는지를 잠깐 살펴볼까?

『주역』의 기본 단위인 효(爻)에는 '양'과 '음'이 있는데, 이것이 바로 수학에서의 0과 1에 해당하는 단위야.
우리는 이름이
두 개예요.
양
음

그리고 '양'은 (―) 로 표현하고, '음'은 (――)로 간단히 표현하기로 했지.
어지간히 글로 쓰기 싫었나 보다.
양 = ――
음 = ――

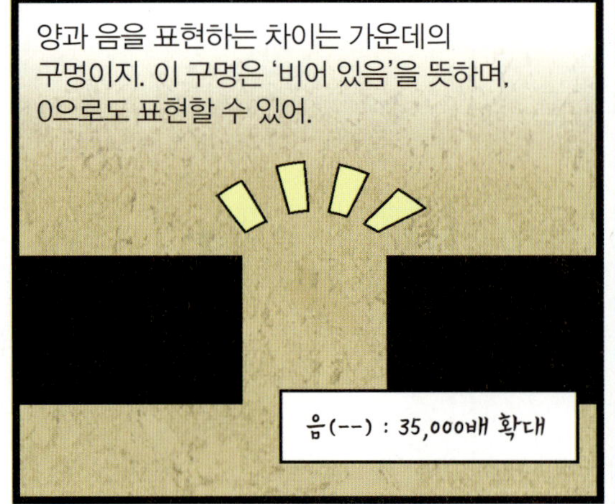

양과 음을 표현하는 차이는 가운데의 구멍이지. 이 구멍은 '비어 있음'을 뜻하며, 0으로도 표현할 수 있어.
음(――) : 35,000배 확대

그래서 양은 1, 음은 0의 의미를 가지게 된 거지.
그래서 이름이 두 개구나?
응~.
양
음

이진법은 숫자뿐 아니라
다양한 현상들에도
대응시킬 수 있어.

낮(1)
그리고 밤(0),

남자(1)와 여자(0),
男
女

동전의 앞면(1)과 뒷면(0) 등
앞
뒤
1990
백원
100

서로 대응되는 다양한 의미들을
표현하는 수 체계가 바로 이진법이야.
Yes
No

우리나라 태극기의 네 귀퉁이에 있는 네 괘인 건(하늘), 곤(땅),
감(물), 이(불) 역시 양(1)과 음(0)으로 만들어져 있어서
건
감
이
곤

이진법의 수로 세상의 이치를 나타낸
좋은 예라고 할 수 있어.
세상의
이치
이진법의 수

다시 원점으로 돌아와서,

1938년 벨 연구소에서 근무하던 섀넌은 이 이진법을 이용해서 정보를 전달하면 어떨까 하는 발상을 하게 되었어.
아하!

예를 들어 전기 스위치의 회로를 1과 0으로 나타낸다면

켜지는 상태를 1,

꺼지는 상태를 0으로 표현함으로써

무척 복잡했던 설계 회로를 정확하고 간결하게 표현하다 보니 속도가 빨라지는 것은 물론이고 정밀도가 높아진 걸 발견한 거야.
우리집 배달도 빠르고, 맛도 좋다해.

섀넌이 드디어 고민을 해결한 거지.
아자!

이 방법이 바로 오늘날 전화, 텔레비전, 컴퓨터, 네트워크 등 디지털 기술에 광범위하게 이용되는 핵심 원리라고 할 수 있어.

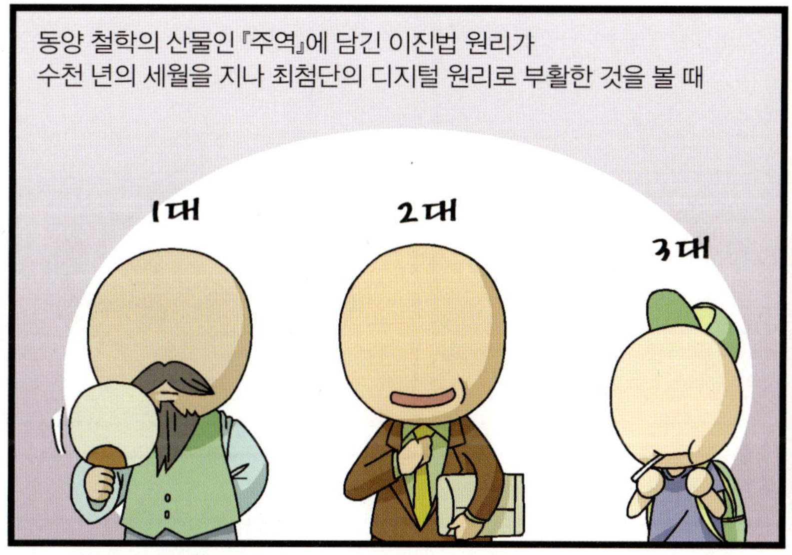

동양 철학의 산물인 『주역』에 담긴 이진법 원리가 수천 년의 세월을 지나 최첨단의 디지털 원리로 부활한 것을 볼 때
1대
2대
3대

이 시대가 지향해야 하는 것이 바로 디지로그의 세상이라는 걸 다시 한 번 생각할 수 있어.

잊지 말자고! 디지로그!
잊지 말라고! 디지로그!
네에~.

그럼 이제부터 이진법을 이용한 디지털의 원리가 어떤 점에서 더 효과적인지 알아보자.
우리의 힘을 보여 주마!!
1
0

이진법 원리의 효과를 쉽게 이해하기 위해서 언어의 예를 하나 들어볼게.

"7살 상우는 외갓집에서 할머니와 동거를 시작한다."

이 문장에서 '외갓집'이라는 단어는 외가(外家)의 '家'가 이미 집을 의미하므로 '집'이라는 단어를 붙이면 의미가 중복되는 거야.
집
갓
외

같은 의미를 반복하는 것은 경제적인 측면에서 보면 불필요한 일이야.
에이~ 똑같은 게 들어갔네.

의미를 전달하는데 있어 문장의 길이가 길어지기 때문에 시간도 오래 걸리고, 자리도 더 차지하게 되지.
저기… 너를… 그러니까… 내가… 너에게… 음…
그러니 말에서 이런 중복된 단어를 빼면 메시지 전달의 효율은 높아지게 되겠지?
사랑해!! 내 맘을 받아줘!!

섀넌은 이처럼 경제적인 측면에서 효율이 높은 정보 흐름을 위해서
1
2
3
정보 흐름을 위해 준비했어요.

메시지를 지불할 가치가 있는 '정보',

경제적 이득을 위해서 메시지에서 뺄 수 있는 '중복',

그리고 불필요하게 들어가 있는 '잡음'으로 나누었어.

그리고 중복과 잡음을 뺀 정보만으로 발신자와 수신자 간의 커뮤니케이션이 가능한 통신 모델을 제시했는데.
이것만 있으면 되지롱~.
정보

그게 바로 이진법을 활용한 비트 방식이야.
헉!!
…
누구?
비트

km, kg, ㎡가 각각 길이, 무게, 넓이의 측도인 것처럼
bit는 정보량의 측도야.

1비트는 '예(1)'와 '아니오(0)'의 답 중
하나의 정보가 담긴 기본 측도인 거지.

비트로 이루어진 '예'와 '아니오'의 이분법의
디지털 세계는

'그럴 수도 있고 아닐 수도 있고'가 가능한
아날로그 세계와는 상당히 달라.

디지털 시계를 떠올려 봐.
AM 11:23

아날로그 시계가 원을 그리면서 끊임없이 이어지는 연속적인 시간을 말해 주는 것과는 달리
12
1
2
3

디지털 시계는 불연속적으로 시간을 표시해.

디지털 시계가 표시하는 시간은 불필요한 소숫점의 시간들을 빼 버리고 단계적인 변화 없이
싫으면 소수점 이상이 되든가.
아니, 왜 우리는 안 되는 거예요?!

어떤 한 상태에서 다른 상태로 급변하듯 검은색에서 흰색으로 즉시 바뀔 수 있는 세계이지.
끙~ 아이고, 힘들어.

애매모호한 점은 없고 정확성을 높일 수 있다는 특징을 가져.
예, 아니요로만 대답해 주세요!

모든 미디어가 비트의 디지털 세상이 되면 전화의 잡음, 라디오의 잡음 등은 사라지고,
잘 걸러야지.
비트 방식

텔레비전은 고화질의 화면을 선보일 수 있게 되지.
우와~!! 김태희 모공까지 보인다~!!

즉 미디어에 전달되는 수많은 비트 중에서 쓰지 않는 비트는 골라내고
거기 키다리, 옆으로 나와!!
네? 저요?

반복되는 비트는 제거하면서
잘라 버리자!

정보를 크게 훼손시키지 않은 채 싼 비용으로 압축과 복원을 할 수 있게 된 거야.
오오!!

그야말로 혁명이지!
나를 따르라!
와
아

이 디지털 혁명의 선두에 서 있는 미디어는 뭘까?
같이 가!

그래, 맞았어. 바로 컴퓨터야.
후후후~.

최초의 컴퓨터는 1946년에 미국 국방부에서 만들어진 애니악(ENIAC)인데,

그 용도는 전함의 함포를 어느 정도의 각도로 쏴야 정확한가를 계산하기 위한 것이었다고 해.
발사!!
BOOM

제대로 작동하기 위해 켜야 하는 스위치의 수가 6천 개나 되어서,

스위치를 모두 다 켜는 데 40시간이나 걸렸다는 얘기도 있어.

무게는 약 30톤,
에헴!
30t

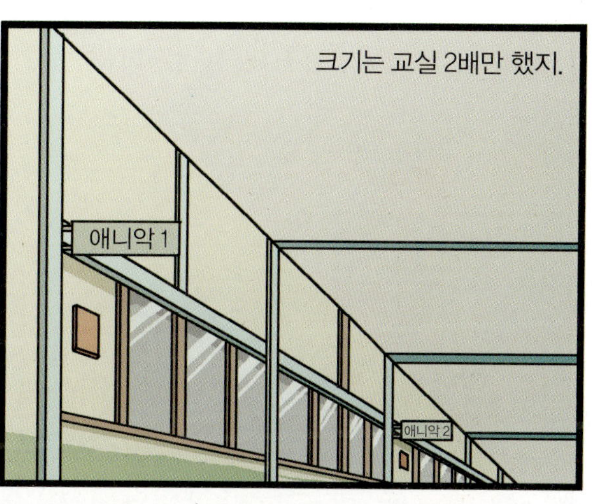

크기는 교실 2배만 했지.
애니악 1
애니악 2

그리고 밤에는 나방이 하도 많이 들어와서
합선으로 인한 오작동이 많았대.
뭐해요?
나방 잡는다.

우리가 요새 컴퓨터가 제대로 작동을 안 하는 경우에
'버그(bug: 벌레)가 발생했다.'라는 말을 쓰는데,
바로 여기에서 비롯된 거지.
쟤, 왜 저래?
으아아악!
버그 때문에
작업한 파일들이
다 지워졌대.

어쨌든 파스칼(Blaise Pascal, 1623~1662)이
1642년에 기계식 계산기를 만든 후부터

보다 빠르고 복잡한 계산을 위해 발명한 컴퓨터는
그 기술이 발달할수록
갈 길이
멀구나.

크기는 점점 작아지고 무게는 점점 가벼워졌지.

애니악이 연구실에 있는 집채만 한 컴퓨터였다면,
우와~
무지 크다.

가정용으로 보급된 컴퓨터는
PC(Personal Computer),
즉 개인용 컴퓨터라고 이름 붙여졌고,
작아졌네?!
에헴!!

휴대할 수 있는 컴퓨터는
노트북(notebook),
난 가방에
쏙 들어가요.

그리고 지금은 노트북보다 훨씬
가볍고 작은 넷북(netbook)도
등장했어
무슨 소리!
휴대하기에는
내가 최고지!!

물론 멀티미디어적 기능도
더욱 확대되었어,
멀 티 미 디 어

멀티미디어(multimedia)는 텍스트(text)와 이미지(image),
오디오(audio), 비디오(video) 등 다양한 형식의 데이터를 혼합한 것을 말해.
이미지
오디오
비디오
텍스트
멀 티 미 디 어

컴퓨터로 텍스트에 그림을 합성해서 '짤방'용 이미지를 만들기도 하고,

동영상을 편집할 때 음악을 넣기도 하잖아.
♪~

이런 기능들이 바로 멀티미디어적인 거야.
비트
이거 쑥스럽구만.
컴퓨터 해부도

비트는 두 가지 이상의 서로 다른 성질을 손쉽게 혼합시키는 특성을 갖고 있어.

그리고 비트는 신종 비트를 만들어 내는 성질도 갖고 있어.
응애~.
응애~.

비트에 관한 정보를 알려 주는 또 다른 비트가 생기는 건데,
얘는 B형이고 취미는 독서, 좋아하는 음식은 자장면이야.
비트
비트
쑥스럽네.

가장 쉬운 예로는 태그(tag)를 들 수 있어.
태그?
이건 태그매치고.
우리랑?

우리가 블로그나 홈페이지에 글을 쓸 때면 핵심 단어나 문장 등을 이용해서 태그를 달잖아.
전 한 살 더먹기 싫어서 떡국 안 먹을거에요 ㅋㅋㅋ
일러스트, 우산, 비
덧글 43개 | 엮인글 쓰기 | 공감하기
2010/02/13 00:36
ㅋㅋㅋ 난 그래도 먹을거야
2010/02/13 06:01
ㅋㅋㅋㅋ 먹다가 늙는겨 ㅋ
포스트를..
댓글

내용을 구분하거나 분류하기 위한 일종의 인덱스(index) 기능인데,

이런 태그 덕분에 넘쳐 나는 웹의 정보들을 쉽게 검색할 수 있어.
우와, 많다.

이거랑 저거랑 요거랑….

그로 인해 누구에게나 일관된 정보가 제공되던 시대에서 벗어나
으랏차!

개개인이 자신에게 맞춰진 특별한 정보를 제공받을 수 있는 뉴미디어의 시대가 시작되었어.
NEW 미디어

이런 뉴미디어의 시대를 맞이하게 해 준
NEW 미디어
어?

0과 1의 이진법을 이용한 비트의 발견은,
비트

눈에 보이지도,
이딨지?
더듬
더듬

만져지지도 않는
아이~ 어딨어?
더듬
더듬

무색 무형의 것이지만,
뭐야~!! 없는 거 아냐?
더듬
더듬
비 트

디지털시대를 한걸음 앞으로 나아가게 해 준
선구자임에는 분명한 것 같아.
비 트

진짜 스미스는 누구일까?

구텐베르크가 활판 인쇄술을 발명했을 때만 해도 원본과 복사본을 구별하는 것은 식은 죽 먹기였어요. 복사를 하면 할수록 질(quality)이 나빠졌기 때문이에요. 인쇄 분야만 해당되는 것은 아니었어요. 복사를 한 음악 테이프는 원본보다 음질이 나빴고, 복사 테이프를 다시 복사할 경우 음질은 더욱 나빠졌어요.

그러나 디지털시대로 넘어오면서 완벽한 복제가 가능해졌어요. 완벽한 복제는 말 그대로 원본과 똑같은 복사본을 말해요. 영화 〈매트릭스〉에서 주인공 네오와 결투를 벌이는 스미스 요원은 언제 어디서든 복제되어 나타나죠. 스미스들의 복제는 컴퓨터의 복사(copy)와 붙이기(paste) 기능을 활용한 것으로 완벽하게 같은 데이터로 이루어져요. 원본과 복사본의 구별이 불가능하기 때문에 어느 스미스가 진짜 스미스인지 구별할 수가 없어요.

이처럼 디지털시대의 복제는 정보의 손실이 전혀 없는 완벽한 복제이며 무한 복제가 가능해요. 그래서 복제라기보다는 원본을 무한히 생산하는 것이라고도 생각할 수 있어요. 하지만 디지털시대의 복제 기술은 예술품의 원본이 갖는 가치를 떨어뜨리는 부작용을 낳기도 해요. 진품이 갖는 아우라(aura : 원본에서 뿜어져 나오는 경건하고 고고한 분위기)는 이제 없어졌어요. 진품과 똑같은 복사본들이 존재하기 때문이에요. 똑같은 필름으로 여러 장 만든 사진이라면 전시된 사진이든 집에 있는 사진이든 차이가 없는 것처럼 말이에요.

더 나아가 디지털 문화의 복제 가능성은 패러디라는 독특한 문화를 만들기도 해요. 나이키(NIKE)는 나이어(NIRE)로, 푸마(PUMA)는 파마(PAMA)로 패러디돼요. 복제가 가능해지면서 원본을 다르게 변형하는 일 또한 쉬워졌기 때문이에요.

무한 복제가 가능한 스미스 요원.
© 워너 브라더스.

　　완벽한 복제와 더불어 디지털시대를 아날로그
시대와 구별 짓는 또 다른 특징으로는 상호작용성
(interactivity)을 들 수 있어요. 상호작용성은 작용
(action)과 반작용(reaction)으로 구성돼요. 즉 누군가가
어떤 행위를 시작하면 그 행위에 대한 반응으로 특
정한 결과가 나오는 것이에요. 일방향이 아닌 쌍방
향적인 방법이 바로 상호작용성의 핵심이에요.

NIKE와 PUMA를 패러디한 티셔츠.

　　다시 한 번 영화 〈매트릭스〉를 생각해 볼까요?
네오는 인류를 구하는 모험을 떠나기 직전, 빨간
알약과 파란 알약 중 어느 하나를 선택해야 해요. 관객이 아무리 네오에게 파란
알약을 먹으라고 소리쳐도 네오는 듣지 못해요. 네오는 시나리오대로 빨간 알약
을 먹어요. 만약 영화 〈매트릭스〉에 상호작용성을 넣는다면 관객들은 원하는 대
로 알약을 선택할 수도 있어요. 빨간 알약을 선택한 관객 앞에 펼쳐질 이야기와
파란 알약을 선택한 관객 앞에 펼쳐질 이야기가 달라져요. 영화 속 이야기를 어
느 쪽으로 끌고 갈 것인지에 대한 결정을 관객이 하는 것이에요.

　　상호작용성은 디지털시대의 대표적인 콘텐츠인 게임에서 더욱 적극적으로 드
러나요. 플레이어는 게임 속 캐릭터를 직접 조정하여 누구를 만나고 어떤 공간
을 탐색할 것인지를 결정하게 돼요. 또한 정해진 이야기 한 가지를 따라가는 것
이 아니라 임무를 수락할 것인지 거절할 것인지에 대한 선택권 또한 플레이어가
가지게 돼요. 그리고 그 선택으로 인해 결과는 다르게 나타나요. 이와 같은 디지
털시대의 상호작용성은 콘텐츠를 즐기는 사람이 콘텐츠의 주인공이 되게 한다
는 데 그 핵심이 있어요.

3장 디지털 네이티브와 디지털 이미그런트

시대의 패러다임 변화에 따라 각각의 세대는 삶을 통해 경험하는 바가 다르기 때문에

그들은 같은 시대를 살고 있지만 다른 생각을 해.
휴우.

그래서 기성세대와 신세대 간의 갈등은 늘 존재하지.
돈 벌기가 쉬운 줄 알아?
공부는 쉬운 줄 알아요?

예를 하나 들어볼까?

어느 세대나 즐겨 입는 청바지 패션을 생각해 보자.

청바지는 1850년대 미국 캘리포니아 금광의 광부들이 작업복으로 입기 시작하면서 그 역사가 시작되었어.
내가 유행의 선두주자구만!!

독일 청년 리바이 스트라우스 (Levi Strauss)는

광부들의 작업복이 쉽게 찢어지는 불편함을 없애기 위해서
바지가 일주일을 못 가네.
....
음....

텐트에 사용되었던 데님을 이용해서 바지를 만들었는데, 그것이 '청바지'의 시작이야.

이 옷이 산업화 시대를 지나면서는 젊은이들의 반항적인 사상과 문화를 상징하는 옷이 되었지.

지금은 나이를 막론하고 누구나
청바지를 즐겨 입고 있지만,
우린 청바지 3대!!

알고 보면 청바지는 계속 유행이 바뀌었고,
그 옷에 대한 생각도 계속 바뀌었어.
배기진!
스키니진!
핫팬츠!

바닥에 질질 끌릴 정도로 길게 입는 게 유행일 때
어른들은 세상 먼지 다 쓸고 다닌다며 혀를 끌끌 차셨지.
쯧쯧쯧.

막 새로 산 멀쩡한 청바지의 무릎과
허벅지, 엉덩이 부분 등을 칼로 찢어
멋을 내기도 하고,
끄악!!
어때요?

일부러 구제 청바지,
즉 누가 입던 것을 사서 입기도 해.
구제숍
뭔가…
냄새가 나는데!

기성세대가 신세대들에게 구제 바지가
좋은 이유를 물어보면
그런 바지를
왜 입는 거니?

신세대들은 기성세대의 질문이
더 이상한 거지.
워싱이
자연스럽잖아요.

그런데 말이야, 우리는 어느 한쪽만이
옳다고 말할 수 있을까?

이건 옳고 그름을 따질 수 있는
문제는 아닌 것 같아.
으악!!

단지 세대 간의 차이에서
나오는 결과일 뿐이야.
다르다고
꼭 틀린 것은
아니야.

그래서 이번 장에서는 이 시대를 살아가는 우리들에 대해서 이야기를 할까해.

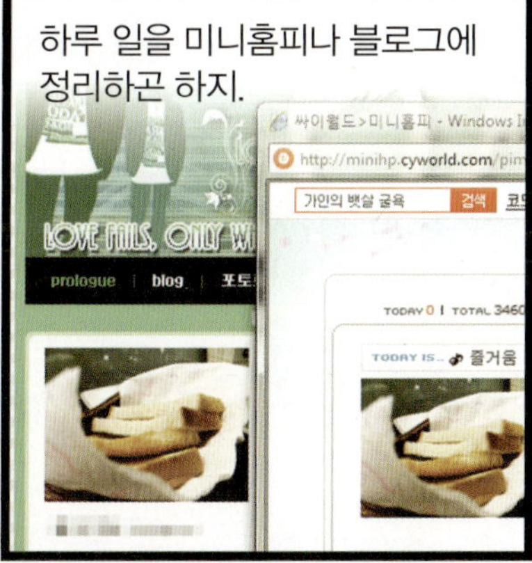

때문에 이 시대를 살아가는 우리는 디지털 세대라는 이름으로 불릴 수 있어.

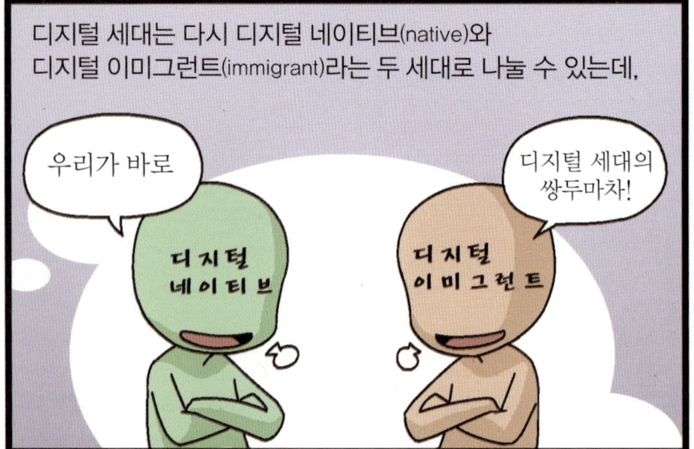

디지털 세대는 다시 디지털 네이티브(native)와 디지털 이미그런트(immigrant)라는 두 세대로 나눌 수 있는데,
우리가 바로
디지털 세대의 쌍두마차!
디지털 네이티브
디지털 이미그런트

디지털 이미그런트는 1980년대 이전에 태어난 사람들을 말해.
나 1980년에 태어났어.
나보다 형이구나.
디지털 이미그런트

이들은 출생년도나 사회적인 이슈에 따라 베이비붐 세대, X세대, N세대(Net세대) 등으로 불리기도 하지.
X세대
베이비붐세대
N세대

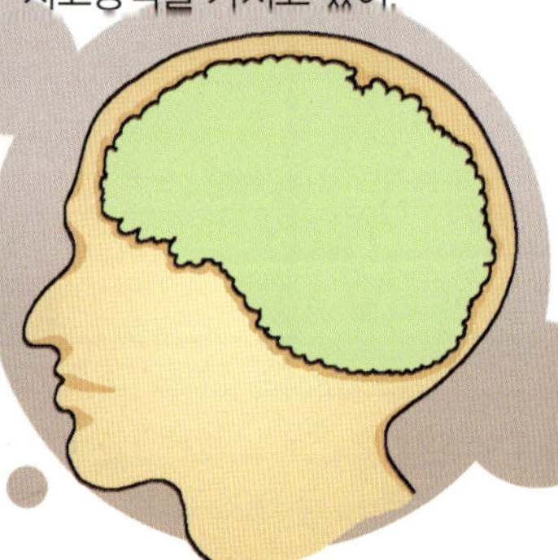

이들 역시 디지털을 접하고 있는 세대인 건 확실한데, 아날로그적인 환경에서 태어나 성장기를 보냈기 때문에, 아직은 아날로그적인 사고방식을 가지고 있어.

온라인으로 대화를 하는 것보다는 직접 만나서 눈을 바라보며 얘기해야 진심이 통한다고 믿고,
디지털 이미그런트

인터넷으로 원하는 정보를 검색하기는 하지만, 프린트를 해서 읽는 게 훨씬 편하다고 생각해.
이게 뭐야?
어제 프린트한 것들….

프린트한 종이는 중요하면 컴퓨터 파일이 있더라도 버리지 않으려 해.
역시 이 정도는 돼 줘야….

국어를 구사할 때 모국어의 억양이 남아있는 것처럼, 디지털 이미그런트들은 아날로그적인 사고방식을 가지고 디지털시대를 사는 세대를 말해.
디지털시대
다 왔다!!
아날로그

그렇지만 디지털 네이티브는 본질적으로 달라. 디지털 네이티브는 태어나면서부터 디지털을 접한 세대를 말해.

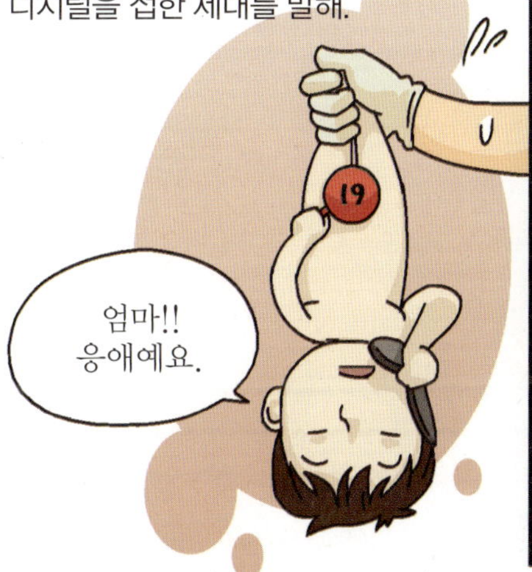

연필보다 컴퓨터 마우스와 키보드가 훨씬 익숙하고

인쇄물로 된 책만큼이나 컴퓨터 모니터가 익숙한 세대야.

디지털 기술이 발전한 1980년 이후의 출생자들로, 이들은 신문을 잘 읽지 않아.

주로 인터넷을 통해서 세계 각국의 새로운 소식을 접하지.

예전에 도서관에서 책을 빌릴 땐 열람 카드에 이름을 적었는데, 요즘 세대는 열람 카드를 모를 거야.

영화도 인터넷에서 파일을 구해 감상할 때가 많고, 약속은 전화보다는 휴대전화 문자나 인스턴트 메시지로 연락해서 정하곤 하지.

또 도둑을 쫓아 주기도 하던 실제 강아지보다는 가상의 펫과 더 많이 친한 세대야.

미국 스탠퍼드 대학에서 연구한 자료에 따르면, 디지털 네이티브에 해당하는 현재 미국의 대졸자들은 살아오면서 50만 개 이상의 광고를 시청하고
음….
우적
우적

23살의 대학 졸업생을 기준으로 하면, 하루에 59.5개의 광고를 본다고 해.
헉!!
59.5개
23살 대졸자가
하루에 보게 되는
광고수

20만 개 이상의 이메일과 인스턴트 메시지를 주고받고
TV 시청에 2만 시간 이상,
휴대전화 사용에 1만 시간 이상,
디지털 게임을 즐기는 데 1만 시간 이상을 보내면서 성장했대.

한마디로 기존 세대와는 완전히 다른 성장 환경을 보낸 건데,
뭐, 이 정도 가지고….
….

때문에 디지털 네이티브의 사고구조는 기존세대와는 완전히 다르다는 거지.
저를 다른 사람들과 비교하지 마세요.
으스대지 마!!

사고 구조가 다르면 지식, 경제, 커뮤니케이션 등 모든 면에서 인식하는 방식이나 대처하는 방식도 달라지고 삶의 태도나 지향도 달라지게 돼.
우왓!! 여긴 어디야?
걱정마세요. 휴대전화의 GPS 기능으로….

그런 사람이 점점 많아져서 사회의 다수가 되면 사회가 진보하는 방향도 자연히 기존과는 다른 방향이 되겠지?
자, 이쪽으로 출발!!
?

그렇기 때문에 우리가 디지털시대를 살고 있는 우리 자신에 대해서, 디지털 네이티브에 대해서 잘 알아야 하는 거야.
야, 너 뭐야? 무슨 짓이야?
디지털 네이티브

디지털 네이티브의 가장 큰 특징은 첫째, 멀티형 인간이라는 거야. 여러 가지 일을 한꺼번에 다루는 데 익숙한 인간형이지.
나는 밥 먹으면서 코 팔 수 있는데.
그 정도는 별거 아니지.
어때?
디지털 네이티브

MP3 플레이어의 이어폰을 꽂고,

눈으로는 TV를 보면서

샌드위치를 우물우물거리고
우물
우물

동시에 메신저로 친구와 이야기를 나눌 수 있는 능력을 가진 사람을 말해.

심지어 메신저로는 멀티 채팅을 즐기잖아. 능력자들이지!
뭣! 5명이랑 동시에 채팅한다고?
디지털 네이티브

다양한 TV채널과 정보의 홍수 속에서 자라서 한꺼번에 많은 정보를 처리할 수 있도록 뇌가 구조화되어 있어.
정보
정보
정보
자주 나오네.
요즘 투잡(two job)족이 유행하는 이유도 바로 여기에 있어.
낮엔 중국집 배달!!
밤엔 야식 배달을 해요.
뭐가 다른 겨?
나도 투잡족!!

2002년에 있었던 시청 광장을 가득 메운 붉은 악마의 응원이나

여러 사회적 문제에 대한 촛불시위,

특히 영결식에 직접 참여하지 않더라도 댓글이나 추모 웹툰, 그리고 메신저상에서의 이모티콘 등으로
조의를 표현하는 모습은 이전 세대에게선 상상할 수 없는 움직임이었어.

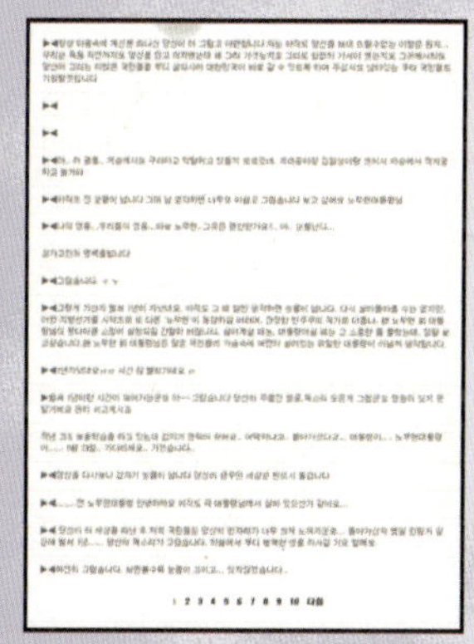

디지털 네이티브들은
정치뿐 아니라 여러 사회
활농에도 적극적이야.

외국 사람들에게 한국의 문화와
역사를 알리는 노력을 하고 있는
반크(VANK)는 인터넷
외교 사절단으로 유명해.

특히 한국에 대한 잘못된 인식을
고치기 위해 자료를 모아서
바로잡을 것을 요구하고
있기도 한데,

독도가 일본 땅이라는 주장에
문제를 지적하고,

독도가 우리나라 땅이라는
사실을 알리기 위한 외교
활동을 하기도 했어.

다양한 웹 포털 사이트까지 확장된 이
운동은 네티즌들이 자발적으로 모금한
돈과 가수 김장훈 씨의 기부로 「뉴욕
타임스」에 독도가 우리 땅이라는 광고를
싣기도 했어.

세상을 변화시키는 능동적 참여자로서의 이런 성향은 디지털의 본성이 '하는 문화'를 자극시키기 때문이야. 영화와 게임을 비교해 보면 잘 알 수 있지.

그래서 때론 이기적이고 남의 말을 듣지 않는다는 소릴 듣기도 해. 물론 다 그런 건 아니지만 말이야.
나만 이상한 거야?
아 정말?

성격은 좀 급해지는 것 같아.
티까 티까티까 티까 티까 티까 티까 티까 티까 티까 티까티까 티까 티까
이미지 불러오는 중

인터넷만 켜면 너무나도 손쉽게 모든 정보에 접속할 수 있게 되면서,
오~ 편리한 세상~ 죽이네.

논리적이고 진지하게 스스로 문제를 해결하려는 노력보다는
뭐야, 이거 어떻게 떨어진 겨?

늘 적합한 답을 빨리 찾아내길 바라지.
아~ 중력 때문이구나.
나 이 버?

서둘러 해답을 찾는 일에만 급급하게 되면서
이게 답인가?
Q: 사과는 왜 떨어질까요?
A: 위로 올라가면 이상하니까요.

사람들은 점점 어려운 일은 회피하고 편한 일만 하려는 경향이 두드러지고 있어.
먹고 자기만 해도 돈을 벌 수 있었으면 좋겠다.

셋째, 무엇보다도 최첨단 디지털 기기들을 다루는 디지털 네이티브들의 가장 큰 특징은
시공간을 넘나드는 생활, 즉 유목적인 생활을 추구한다는 거야.

그래서 우리는 지금 휴대전화, 노트북, PDA 같은 언제 어디서나
접속할 수 있는 이동성 있는 디지털 기기들을 지닌 채 늘 움직이고 있어.
즉 21세기형 유목민이 된 셈이지.

직업이나 주거 지역, 심지어 가정도 수시로 바꾸는 삶을 살고 있어.

부모의 직업을 물려받아 대를 잇는다는 장인 정신이나 평생 직업의 개념이 없어진 지는 오래고,

열심히 저축해서 내 집을 소유하고, 한곳에 정착하겠다는 의식보다는

새로운 집을 찾아서 자주 이사를 다니고,

3명 가운데 1명은 이혼을 하는 시대가 된 거지.

부정적인 측면만 너무 부각했나?
이거 너무 심각하네요.
하지만 긍정적인 측면도 많아.

새로운 사람과 쉽게 친구가 되고 낯선 장소, 낯선 음식, 낯선 문화에 왕성한 호기심을 가지고 접근할 수 있어서 그 자체가 삶의 활력이 되기도 해.
뭐하니?
평양은 왜?
인터넷으로 평양 가는 방법을 알아보고 있어요.
칡냉면 먹을라고요.
…

경험의 폭이나 삶의 활동 반경이 달라지는 거지.

아는 만큼 보이고, 보이는 만큼 느낀다는 말도 있잖아!
?
으라차!!

디지털 네이티브는 정보 통신 네트워크상에서 새로운 사업 영역을 일구어 내기도 하면서
NAVER
DAUM
AUCTION
INTERPARK
Shopper's Heaven
Gmarket
SiREN24
YES24.COM
LiBRO
알라딘
오호~ 이것들은….

기존의 가치와 삶의 방식을 뛰어넘어 새것을 창조해 가는 삶을 살아가고 있지.
깡
깡

그야말로 혁신적인 삶을 일구는 사람들이야.
예를 좀 들어 볼까?
?

커뮤니티 중심 사이트의 대표주자인 페이스북(facebook)!
facebook
Facebook에서 세계에 있는 친구, 가족, 지인들과 연락을 주고 받고 정보를 공유하세요.
한국어 English (US) Español Português (Brasil) Français (France) Deutsch Italiano العربية 中文
Facebook © 2010 한국어
정보 광고 개발

페이스북은 미국의 인맥 사이트로 싸이월드와 비슷해. 친구를 맺은 사람들끼리 메신저도 하고 사진도 보는 거지.
A-YO!! 사진 업로드!!
사진이 등록되었습니다.

얼마 전에는 페이스북을 통해서 헤어졌던 어머니와 아들이 27년만에 극적으로 만나기도 했어. 그야말로 디지털 기술이 사람과 사람 사이를 이어준 거지.
아들!!
엄마!!
찡~

이 서비스를 만든 개발자는 1984년생의 마크 주커버그(Mark Zuckerberg)야.

자본금도 없이 3년 동안 플랫폼을 만든 결과 2010년 11월에는 회원수 5억 명을 돌파했고,
2억
와글와글
2억!!

회사의 가치는 300억 달러, 우리 돈으로 35조가 넘는다고 해.
나 이거 참. 돈 벌기가 이렇게 쉬워서야 원…
…
$

지금의 P2P(Peer to Peer)사이트의 원조라고
할 수 있는 냅스터(Napster)의 경우는 1980년생인
숀 패닝(Shawn Fanning)이 대학생일 때 만들었는데,
아이디어는 정말 간단하면서도 혁신적이었어.

국내의 대표적인 SNS(Social network service)인 싸이월드도
마찬가지야. 카이스트(Kaist)의 벤처 동아리인 EC-Club
에서 커뮤니티 프로그램 연구를 하던 중에 개발한 건데,

메인가기 ▸

CYWORLD 미니홈피 　　　　　　 검색 　통합검색 　🔍 사람검색

미니홈피홈 ｜ 홈피이야기 ｜ 홈피자료방

하지만 우리는 누구나 친구들의 어릴 적 모습,
지금의 생활들을 공유하고 싶어 하잖아?
디지털 네이티브들이 가지고 있는 창조적인
혁신성이 새로운 사건을 일으킨 거지.

21세기 디지털 유목민은 자신의 삶의 질을 높이기 위해 떠돌이 생활을 하고 있어.

떠돌이 생활이라는 건 단순히 공간적인 이동을 말한다기보다는

한자리에 머물러 있지 않고 특정한 가치와 삶의 방식에 매달리지 않으며,

그럼에도 불구하고 아직 한 세대가 태어나서 죽을 때까지 온전히 디지털시대를 다 살아 보지 않았기 때문에 디지털시대가 완성되었다고 말할 수는 없어. 우리 모두가 함께 만들어 가야 하는 시대가 바로 디지털시대인 거야.

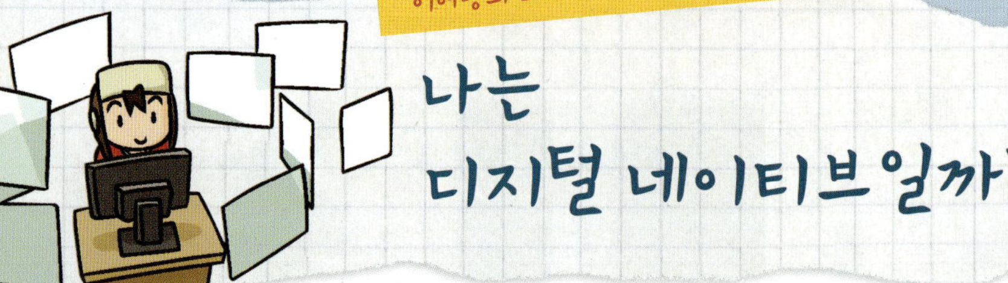

나는 디지털 네이티브일까?

　과연 나는 디지털 네이티브일까요? 디지털 이미그런트일까요? 디지털과 함께 태어나고 성장한 세대를 일컫는 디지털 네이티브의 특징들을 30개의 질문으로 바꾸어 보았어요. '예'라고 답한 항목이 많을수록 디지털 네이티브에 가까우며 그렇지 않을수록 디지털 이미그런트에 가깝다고 할 수 있어요. 한번 체크해 볼까요?

1. 1980년 이후에 태어났다.
2. 바늘이 돌아가는 손목시계 보다는 숫자로 표시되는 시계를 좋아한다.
3. 버스나 지하철을 탈 때 교통 카드를 이용하는 것이 익숙하다..
4. 펜으로 글을 쓰는 것보다는 컴퓨터를 이용해서 키보드로 글을 쓰는 게 더 편하다.
5. 새로운 소식을 신문보다는 인터넷 뉴스나 친구의 블로그를 통해 접하는 경우가 더 많다.
6. 모르는 단어나 개념을 접했을 때 인터넷 백과사전을 먼저 찾아본다.
7. 친구에게 할 이야기가 있을 때 전화를 거는 것보다 휴대전화 문자나 메신저 프로그램으로 대화를 나누는 것이 더 편하다.
8. 가상 애완동물을 키워 본 적이 있다.
9. 온라인을 통해 처음 만난 친구가 있다.
10. 나이 차이가 많이 나는 친구가 있다.
11. 인터넷 커뮤니티(카페, 클럽, 동호회 등)에 가입하여 활동하고 있다.
12. 개인 홈페이지, 블로그, 페이스북 등을 가지고 있다.
13. 연예인이나 유명인의 블로그나 홈페이지에 접속해 본 적이 있다.
14. 이 세상이 '나'를 중심으로 돌아가고 있다고 생각한다.
15. 집 전화보다는 휴대전화를 더 많이 사용한다.
16. 필름 카메라보다는 디지털 카메라가 더 익숙하다.
17. 극장에서 영화를 보는 것보다 다운을 받아 컴퓨터로 영화를 보는 것이 더 편하다.
18. 외우고 있는 친구들의 전화번호가 다섯 개 이하이다.

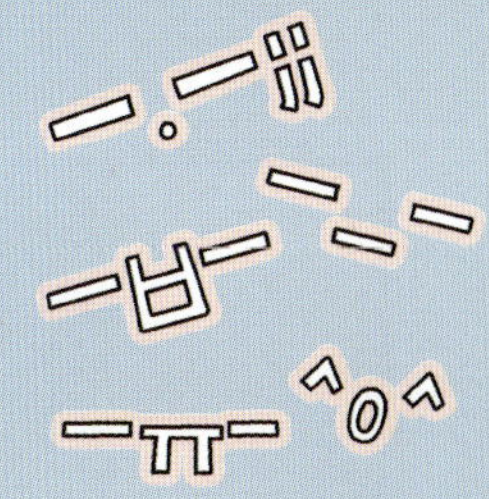

19. 휴대전화 배터리가 다 되어 가면 매우 불안하다.

20. 휴대전화를 바꾼 탓에 문자 입력 방식이 바뀌어도 잘 적응할 자신이 있다.

21. 아이폰이나 아이패드, 넷북 등 새로운 기기가 나오면 사용하고 싶다는 생각을 한다.

22. 문자를 보내고 빨리 답문이 오지 않으면 심심하고 초초하다.

23. 집을 나선 지 30분이 되었는데 휴대전화를 집에 놓고 나왔다는 사실을 알았다면 다시 집으로 돌아갈 것이다.

24. 인터넷 강의로 공부를 해 본 적이 있다.

25. 한 번에 여러 사람과 메신저로 대화하는 것에 익숙하다.

26. 사이버 수사대가 꼭 필요하다고 생각한다.

27. 나중에 직업을 결정하게 될 때 가장 중요하게 생각해야 하는 것은 내가 좋아하고 즐길 수 있는 일인가 하는 점이다.

28. 책을 읽는 것보다 컴퓨터를 하는 것에 익숙하다.

29. 혼자 하는 일보다 함께 하는 일에 더 익숙하다.

30. 모르는 장소를 처음 찾아갈 때 먼저 인터넷 지도 서비스로 길을 확인한다.

가상 애완동물을 키울 수 있는 웹사이트.

디지털 네이티브는 펜보다 키보드와 마우스가 익숙해요.

4장 시루떡에 디지털 정보 원리가 숨어 있다!

새로 태어난 아기가 백일을 맞이하거나 첫 돌을 맞이했을 때에도,

어르신의 환갑이나 칠순 때에도 떡을 돌리는 일이 하나의 풍습이었어.

지금도 개업을 하거나 이사를 하면 가장 먼저 이웃에게 떡을 돌리는 풍습이 남아 있는데,

시루떡을 돌리는 일은 한 공동체에 생긴 작은 변화에 대한 관심을 뜻해.

낯선 누군가를 처음 소개하고 소개받는 데 다리가 되어 주는 게 바로 시루떡인 거지.

그래서 시루떡이 주는 정보에는 언제나 놀라움과 궁금증이 동반되어 있어.

떡은 늘 먹는 밥과 달리 색다른 음식이잖아.

그렇기 때문에 시루떡이 지니게 되는 일탈성과 의외성은

정보의 전달력과 호소력을 몇 배나 더 크게 하기도 하지.

인터넷의 정보들도 비슷해.

메일함을 확인하다가 참 대단하다는
생각이 들기도 하지?

정보를 검색하기도 전에
메일함에는 다양한 뉴스들이
배달되어 있고,

그날 그날 해야 할 일들도
시간에 맞춰서 알려 주지.

각종 포털 사이트의 첫 페이지는
제목만으로도 충분히 궁금증을
자아내고 말이야.

인터넷 서핑을 하다 보면
시간이 금새 흘러가는데,

그건 바로 인터넷 정보들이 놀라움과
궁금증을 유발시키기 때문이야.

게다가 시루떡은 하나 이상의 여러 메시지를 포함하고 있어.
밤을 넣은 '밤시루떡'은 남자아이의 생일이고,
곶감을 넣은 '곶감시루떡'은 여자아이의 생일을 의미하거든.

떡을 받는 수신자는 입으로 발화되지 않은,
떡 안에 숨겨져 있는 정보를 스스로 찾아내고

의미화시키는 적극적인 참여자, 즉 프로슈머
(prosumer)의 역할을 할 수 있어.

감을 잡았겠지만 디지털시대의 우리들 역시 프로슈머야.
감 잡았으~.
언젯적 개그야?

매일매일 유튜브(Youtube)에서 동영상을 보고 즐기는 소비자이면서

자기만의 동영상을 만들어 올리는 생산자이기도 하잖아.
언제까지 찍을 거?

디지털과 시루떡 정보 원리의 닮은 점은 그것들의 구조에서도 나타나.
엥? 우리가?
디지털

시루떡을 만들 때의 과정을 잘 살펴보면, 온갖 재료를 섞어서 한꺼번에 버무리는 게 아니라
이렇게 만드는 것이 아니에요?

면보 위에 팥을 올리고 그 위에 쌀가루를 펴 올리고, 군데군데 밤을 섞어 올리고, 다시 그 위에 팥을 올리고, 쌀가루를 올리고, 밤을 올리는 것을 반복하면서 한꺼번에 쪄 내거든!
떡 단면도
밤
쌀
팥
밤
쌀
팥
시루떡 안에 층층이 숨겨져 있는 각종 재료와 고물들의 조화는 마치 웹상의 정교하고 거대한 네트워크 그물망과 비슷해 보여.
네트워크 그물망

네트워크 이론의 창시자인 바라바시
(A. L. Barabasi, 1967~)에 따르면

거대한 그물망인 네트워크는 노드(node)와
링크(link)로 설명할 수 있는데,
링크
노드

노드는 복잡한 조직의 중심점이나 식물의
마디를 의미하는 단어로 하나의 독립된
주체이고,
난 경찰.
난 도둑.

링크는 바로 이 노드들을 이어 주는 연결 고리야.
가자!!
이놈!!
….

마우스 클릭만으로 한 페이지에서 다른 페이지로 옮겨 갈 수 있는
웹의 힘의 원천인 링크를 통해서 우리는 원하는 정보를 찾아내고
정보가
어디 있지?

흩어져 있는 정보를 모아서 하나의
거대한 네트워크로 엮어 내고 있는 거지.
무슨 DNA조각
같네요.

이런 링크 방식의 디지털 특성을 문학에 접목시킨 것이 바로 하이퍼텍스트 문학인데,

하이퍼텍스트란, '건너편'이라는 뜻을 가진 hyper와 text를 합성해서 만든 용어로,

1960년대 컴퓨터 개척자인 테오도르 넬슨(Theodore Nelson, 1937~2010)이 처음 이름 붙였어.

하이퍼텍스트 문학은 글을 처음부터 끝까지 순차적으로 읽어 내려 가던 기존의 방식에서 벗어나

독자의 사고 흐름에 따라 원하는 이야기를 쫓아갈 수 있도록 한 문학의 새로운 시도였어.
아~ 난 모험 싫은데….
모 험 을 준 비 했 다
Yes or

즉 글의 어구나 단어 등에 링크를 달아 다른 이야기로 건너뛸 수 있두록 한 것으로
뭐야…. 이렇게 끝나는 거야?
모 험 을 끝 냈 다

링크들을 통해서 독자마다 자신만의 스토리를 만들어 내는 열린 구성을 갖추고 있어.
MENU
MENU
어서 오세요. 주문을 도와드리겠습니다.
음….

독자가 원하는 내용을 찾아서 자유롭게 읽을 수 있다는 점에서는 백과사전과 비슷하기도 해.
저거랑 이거 주세요.
네~.

대표적인 하이퍼텍스트 문학으로는 마이클 조이스(Michael Joyce)의 『오후, 하나의 이야기(Afternoon, a story)』가 있어.

이 이야기는 어느 날 오후, 피터라는 사람이 몇 시간 전에 본 교통사고 차가 전부인의 차인 것 같다는 추측에서 시작해.
아무래도 그 차는 수잔의 차 같은데!

독자는 키보드 입력이나 마우스 클릭을 통해서 각 낱말, 문장, 문단에 있는 링크를 선택하고,
클릭!!

사고가 난 차에 누가 타고 있는지를 밝히는 과정을 직접 탐색하면서 이야기를 완성시켜 가는 형식을 갖고 있어.
?

이러 새로운 방식이 글쓰기는 예술과 문학의 기존 구조를 바꾸려는 실험 정신이 돋보이기는 했지만,
···
다 분해하긴 했는데….

클릭을 통한 이야기 전개가 내용에 몰입하지 못하게 방해한다는 지적을 받으면서 인기를 얻지는 못했어.
···
아우~ 얘는 만날 클릭하래.
안 해 안 해

그렇지만 디지털시대의 두드러진 특성 중 하나인 링크를 예술작품에 응용한 시도는 높이 살 만하지.
들었냐?
아~ 근데요~
쿡
쿡

다시 시루떡으로 돌아가 보자.

디지털시대의 지구촌은 한 집 한 집 떡을 돌려
나눠 먹는 문화처럼 서로 맥이 닿아 있지.

2001년 9월 11일 세계무역센터와 미국 국방부 청사인 펜타곤 테러를 기억해 봐.

이 테러는 민간 항공기를 납치한 이슬람 테러단이 미국 뉴욕의 110층짜리 세계무역센터와 충돌하면서 시작된 사건이었어.

건물은 완전히 붕괴되었고 90여 개국 3,000여 명의 무고한 사람이 생명을 잃었지.

세계 초강대국인 미국이 순식간에 아수라장으로 바뀐 이 순간에 전화는 당연히 불통이었지!

여보세요?
사람 살려!
여보세요?

연락 방법이 끊긴 수많은 사람들은 셀 수 없는 이메일과 문자 메시지를 가족과 지인에게 보냈어.

안 돼!!

사랑해...
행복해...
그리고 미안해...

정보의 내용이 심각한 것이든 사소한 것이든 상관없이 정보는 이곳에서 저곳으로, 한 사람에서 여러 사람으로 확대되었어. 그야말로 디지털 네트워크 시대를 살아가는 정보 공동체로서 우리의 모습을 확실히 보여 줬던 가슴 아픈 사건이었어.

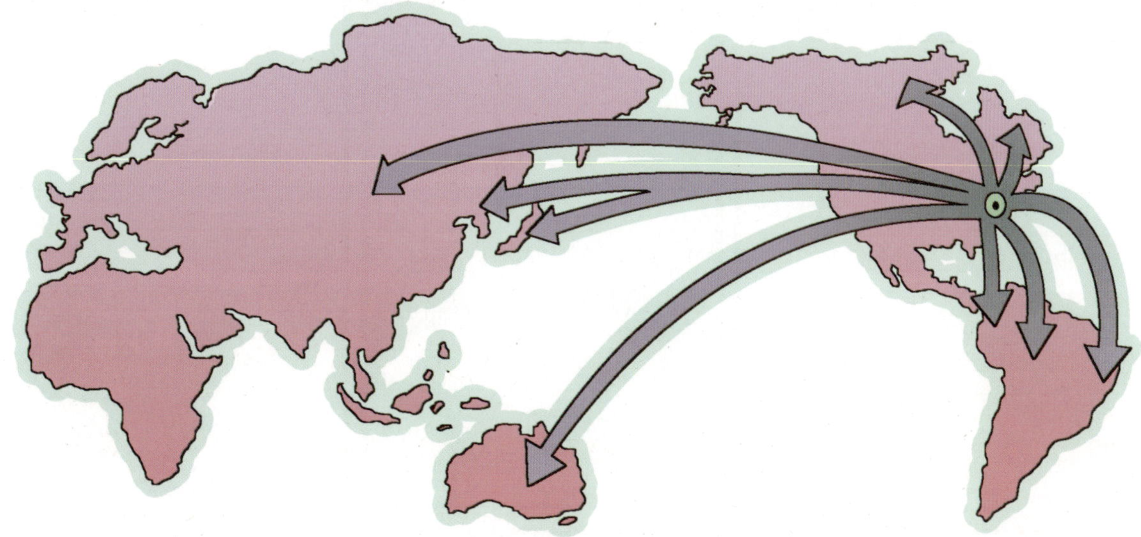

그리고 시루떡 문화와 디지털 문화의 공통점에서 또 하나 주목할 점은 바로 시루떡의 떡고물이야.
이게 떡고물이야.
떡고물? 이게 왜요?
고물

시루떡에 묻어 있는 고물은 맛과 모양을 내는 역할을 하잖아.

정보 이론으로 따지자면 고물은 버려야 하는 잡음에 가까운 것이지만,
엑?! 그 맛있는 것을 버린다구요?

오히려 이 고물 때문에 정보는 마찰이나 거부감 없이 수신자의 마음속으로 파고 들어갈 수 있는 거라고.
아~~ 이제야 조금 배가 부르네~.
…

아들이 대학에 수석 합격했다고 동네방네 자랑을 하고 다닌다면 사람들은 잘난 척한다고 빈정대거나 흉을 보겠지만,
글쎄, 우리 아들이 대학에 수석으로 합격을 했지 뭐야~.

떡고물이 가득 묻어 있는 시루떡으로 정보를 전달하면 이웃들의 진심 어린 축하를 받을 수 있어.
어머, 이거 떡 아니에요?

전달해야 하는 진짜 정보는 은근히 숨김으로써 정보의 반감을 줄이는 전략이야.
사실은 우리 아들이 이번에 대학에 수석으로 합격을 해서 감사 떡을 돌리는 거예요.
어머! 축하해요.

하지만 인터넷 게시판의 댓글들에는 이런 고물이 거의 배제되어 있는 듯해.
뭐야?
이 고물도 없이
밋밋한 것도
시루떡이란 말야?
…

앞뒤 내용을 다 빼먹고 용건과 정보만 나열하기 때문에
네가 나를 좋아해 주는 건 고맙지만 아직 나의 마음은… 그러니까….

노골적이고 일방적인 자기 주장이 그대로 드러나지.
나는 네가 싫다고!!
빡

뿐만 아니라 익명성이라는 무기로 다른 사람을 비방하거나 욕설을 퍼붓는 일도 많아.

반대로 고물이 아주 많이 묻어나서 사람들의 마음을 풍요롭게 하는 예도 있어.

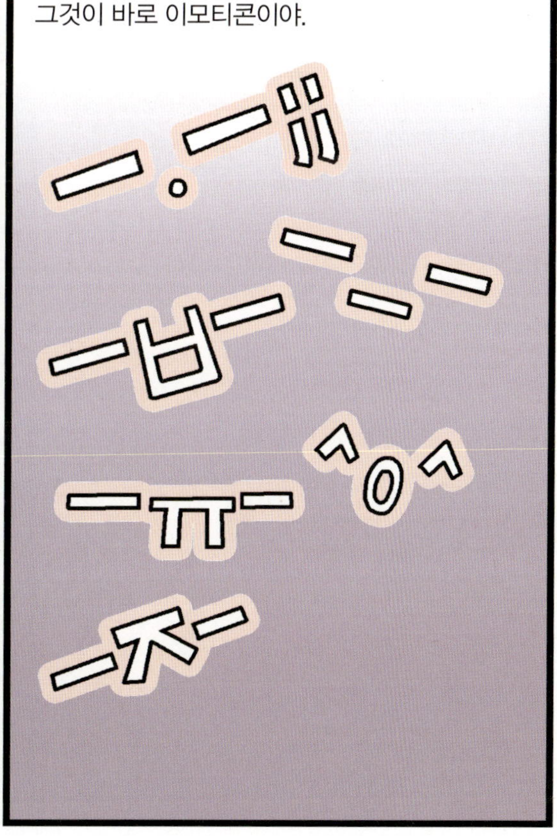

그것이 바로 이모티콘이야.

이모티콘은 감정을 뜻하는 이모션(emotion)과 아이콘(icon)의 합성어로,
서로 친하게 지내.
이모션
아이콘

자판으로 입력하는 디지털 환경의 특성 때문에 생겨난 새로운 표현 도구야.

커뮤니케이션 행위의 일종인 이모티콘이 어떤 기능을 가지는지를 알아보는 것은 디지털 문화를 이해하는 첫 걸음이기도 해.
오오~ 여기가 우주로구나~.

이모티콘은 어떻게 시작되었을까?
꼬끼오!!
꽈
직

1980년대 초 미국 카네기멜론 대학의 학생들이 컴퓨터 자판을 이용해서 '–' 부호를 사용한 것이 시작이었다고 할 수 있어.

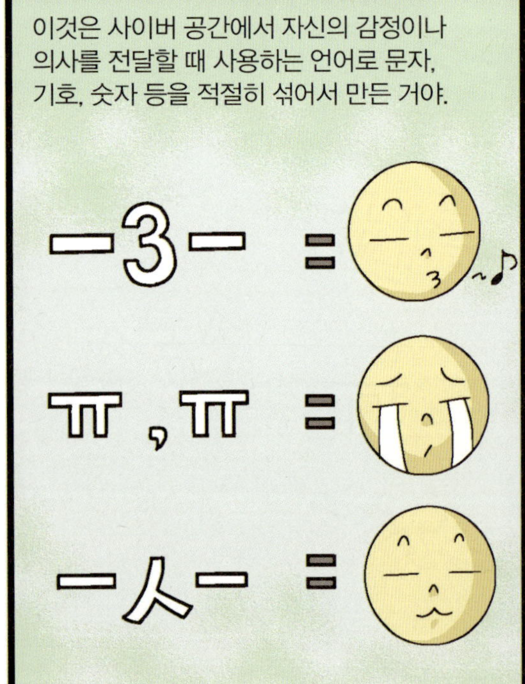

이것은 사이버 공간에서 자신의 감정이나 의사를 전달할 때 사용하는 언어로 문자, 기호, 숫자 등을 적절히 섞어서 만든 거야.
−3− =
ㅠ,ㅠ =
−人− =

메시지를 직접적으로 전달하기보다는
으헤헤헤!!

우회하는 방법으로 메시지를 은근히 전하는 특징을 가지고 있지.

이모티콘이 널리 쓰인 것은 1990년대 중반 젊은 세대의 애용품이었던
무선호출기와 삐삐에서부터였어.

그저 암호처럼 몇 개의 숫자로 가장 빠르게
의사를 전달할 수 있게 된 거야.

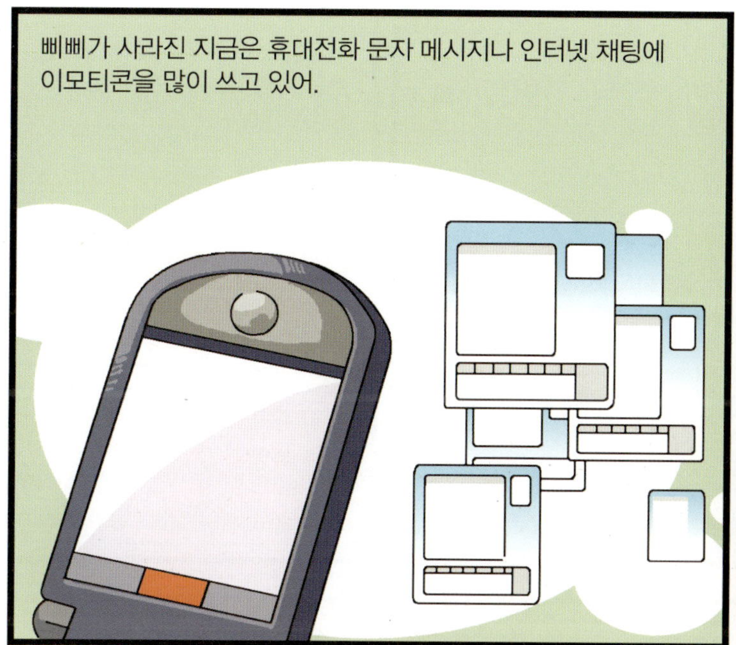

삐삐가 사라진 지금은 휴대전화 문자 메시지나 인터넷 채팅에 이모티콘을 많이 쓰고 있어.

글만으로는 감각적인 정보 전달에 한계를 느낀 디지털 세대들이 떡에 고물을 묻히듯

말로 전하기 힘든 감성을 표현할 방법을 찾아낸 거야.
유레카!!

:-) 는 웃는 모양.
스마일~ 백만 불짜리 미소~.

:-P 는 메롱.
베~.

ㅠ.ㅠ 는 울고 있는 감정을 전달하는 이모티콘이야.
이야~ 잘한다~.
어흑~.

OTL은 좌절이라는 메시지를 담고 있어.
유 오디션
빵점….
앗!! OTL!!

처음에는 문자, 기호, 그리고 숫자로 만든 이모티콘 위주였다면
우리가 잘 나갈 때가 있었는데….
문자
기호
숫자

기술이 발달하면서 그래픽 이미지로 바뀌게 되었는데,
이제는 우리들의 시대야.
숫자
기호
자
그래픽 이미지

요즘은 플래쉬 애니메이션으로 만든 움직이는 이모티콘도 쓰이고 있어.
즐거워웃기
마지막 메시지 받은 시각 : 2010-05-10 오전 03:58

복잡하고 다양한 의미를 이미지로 대신하기 위해서
잘라 버려
소변금지

대부분의 이모티콘들은 아기자기하고 귀여운 디자인이거나
나도?

감정을 보다 확실히 표현하는 개성적인 디자인들이 대세라고 할 수 있어.

장황한 글보다 강하고 인상적으로 자신의 감정과 메시지를 표현할 수 있는 하나의 수단이 된 거지.
으하하하!!
강하다!!
사과

그야말로 이모티콘은 디지털시대가 낳은 떡고물과도 같아.
이건 못 먹잖아요.

지금의 디지털시대는 초고속 인터넷으로
전 세계를 하나로 연결시켜 주는 네트워크화된 시대야.

디지털 시대의 스승은 인터넷 검색 사이트

아주 오래전부터 사람들은 지식에 대한 욕망을 가지고 있었어요. 사람들은 지식을 얻기 위해 많은 책을 읽고, 다양한 경험을 하며, 깊은 사색을 했죠. 그러나 이 모든 일을 개인이 하기에는 한계가 있었기에 더 많은 지식을 얻고자 하는 사람들은 좋은 스승을 찾으려 했어요. 하지만 좋은 스승을 만나는 것 역시 쉬운 일은 아니었어요. 소수의 지식인들은 자신이 알고 있는 바를 함부로 자랑하지 않았기 때문에 어디서 그를 만날 수 있는지에 대한 정보 또한 쉽사리 얻을 수 없었기 때문이에요.

그러나 디지털 시대에는 상황이 완전히 달라요. 컴퓨터를 켜고 하얀 네모 칸에 알고 싶은 단어나 문장을 입력하기만 하면 1초 만에 관련 지식을 검색할 수 있게 됐어요. 게다가 우리는 인터넷에서 글로 만들어진 정보뿐만 아니라 이미지, 영상, 소리까지 검색해요. 세상의 무수한 지식이 인터넷에 담겨 있는 것이죠. 그래서 우리는 인터넷을 정보의 바다라고 불러요. 인터넷의 정보들은 시간과 공간의 경계를 무너뜨리고 있어요. 인터넷에 존재하는 수많은 정보들은 꼬리에 꼬리를 물듯 끊임없이 연결되어 있어요. 연결되어 있는 다른 정보를 따라가다 보면 뜻하지 않았던 정보에 자연스럽게 접근할 수도 있어요. 이 연결고리들을 링크라고 불러요. 링크의 특성 때문에 우리는 인터넷에 한번 접속하면 쉽게 헤어 나오지 못하고 장시간을 할애하게 돼요.

링크라는 방식으로 연결되어 있는 정보들의 집합을 데이터베이스(database)라고 해요. 데이터베이스는 컴퓨터의 등장과 인터넷의 발달로 디지털시대 문화의 핵심이 되었어요. 디지털 이전 시대에는 소설이나 영화와 같은 하나의 줄거리를 가진 형식인 서사(narrative)가 문화 표현의 핵심적인 형식으로 각광을 받았으나

구글에서 '세종대왕'으로 이미지를 검색한 결과.

디지털시대에는 데이터베이스가 그 자리를 대체하고 있는 것이에요. 데이터베이스는 단순한 정보를 모아 놓은 것이 아니라 각 정보들을 검색하기 쉽게 구성하고 있어요. 때문에 데이터베이스의 가치는 어떤 정보가 어떻게 연결되어 있느냐에 따라 달라져요.

구글 유사 이미지 검색 결과.

　데이터베이스 어딘가에 존재하는 방대한 정보를 손쉽게 찾을 수 있게 도와주는 것이 바로 네이버, 구글, 네이트, 다음 등의 검색 사이트예요. 그러나 문제는 검색 결과의 만족도에 있어요. 우리는 때로 수십 개의 웹 페이지를 넘겨도 원하는 정보를 찾아내지 못할 때가 있어요. 그래서 사용자가 원하는 정보를 빠르고 정확하게 찾아내는 것이 검색 사이트의 목표이며 이를 위해 검색 사이트는 나날이 발전을 거듭하고 있어요.

　검색 사이트의 기능 가운데 최근 주목을 받고 있는 부분이 바로 이미지 검색이에요. 예를 들어 구글에서 '세종대왕'으로 이미지 검색을 한다면 초상화로 그려진 세종대왕에서부터 만 원짜리 지폐, 광화문 사거리에 새로 세워진 세종대왕 동상 등이 검색되며 심지어 세종대왕이 만든 한글 판본까지 검색돼요. 여기서 세종대왕의 초상화만을 검색하고 싶다면, 유사 이미지 검색을 통해 세종대왕의 초상화와 모양, 색상, 패턴 등이 비슷한 이미지들을 검색할 수 있어요. 만약 만 원짜리 지폐 속 세종대왕과 유사한 이미지를 검색한다면 우리나라 지폐의 다양한 이미지들이 검색돼요.

　이와 같은 디지털 기술의 발전은 사람들에게 인터넷을 더욱 쉽고 편리하게 사용하도록 돕고 있어요. 디지털시대의 지식 창고인 데이터베이스를 활용할 수 있게 해 주는 검색 사이트야말로 디지털 시대를 살아가는 우리의 스승이 아닐까요?

5장 함께 모이면 더 강해지는 참여 군중의 힘

휴대전화를 잃어버린 한 사람을 생각해 봐. 우리에게도 종종 있는 일이지?
아~ 어디 갔지?
…

매년 지하철, 버스, 택시와 같은 대중교통의 분실물 센터로 신고되는 휴대전화가 수백 대라잖아.
우와~.
분실물 센터장

그런데 분실물을 주인이 찾아가는 비율은 얼마나 될 것 같아?
아~ 새로 사야 되나?
좀 찾아가!!

요새는 휴대전화를 잃어 버린 장소를 대략 알면서도 찾을 생각조차 하지 않는 경우도 많아.
아~ 지하철 5호선 네 번째 칸에서 잃어 버린 거 같지만 찾기 귀찮아.
울컥

그런데 별거 아닌 휴대전화 분실 사건 때문에 뉴욕 시가 발칵 뒤집어진 사건이 있었어. 일명, 사이드킥 휴대전화 분실 사건이야.
Oh~ My God!!
2006년 5월 말, 이바나란 한 여성이 뉴욕의 택시 뒷좌석에서 휴대전화를 놓고 내리는 일이 있었어.

이바나는 디지털 세대답게 휴대전화에 모든 정보를 담아 놓고 있었어.
나를 버리다니….

특히 결혼을 앞두고 있었기에 하객 명단과 예식 준비를 위한 모든 정보를 저장해 두었지.
내 축의금….
내 신혼여행….

그 정보들이 꼭 필요했던 이바나는 프로그래머로 일하는 친구인 에반 구트만에게 도움을 요청했어.
아니, 그게 사실이야?

훌륭한 프로그래머였던 에반은 이바나의 휴대전화에 "휴대전화를 돌려주면 사례하겠다."는 글귀가 표시되도록 해 주었어.
사례 하겠습 니다!

그렇지만 며칠이 지나도 아무 소식이 없자,
…

흔히 그렇듯이 이바나 역시 새로운 휴대전화를 사고 일상적인 생활로 돌아갔지.
리사, 미안한데 줄리 번호 좀 알려줄래?

6월 6일에 첫 게시물을 올린 후 몇 시간 동안 에반의 친구들과 그 친구의 친구들은 이것을 인터넷 이곳저곳으로 실어 날랐어.

그러던 중, '도난당한 사이드킥' 이야기가 어느 유명한 웹사이트 메인뉴스에 뜨게 된 거야.
그게 뭐예요?

우리로 치자면 인기 검색어 1위가 된 것과 마찬가지인 거지.
정말요?

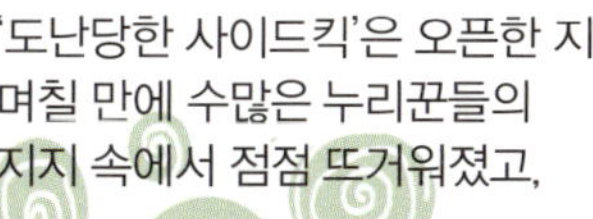

'도난당한 사이드킥'은 오픈한 지 며칠 만에 수많은 누리꾼들의 지지 속에서 점점 뜨거워졌고,
도난당한 사이드킥

심지어 접속자 폭주로 서버가 다운되는 사태가 벌어지기도 했어.
으악!! 뭐지?
다운이 됐나 본데?

누리꾼들은 자신의 개인적 경험을 빗대어 온라인상에서 의견을 교환하고 토론을 했어.
어쩌구
저쩌구
이래
저래
소곤 소곤
수군 수군

심지어 휴대전화를 가져간 소녀의 동영상을 직접 찍어서 게시판에 올려 놓는 사람도 있었어.
당해 봐라~.

이바나의 사연과 사진 몇 장으로 시작한 이 웹사이트는 100만 회 이상의 조회수를 기록하며 200개 이상의 개인 블로그로 내용이 퍼졌고 결국 60여 종의 신문과 방송국 뉴스에 보도되면서,
와우~.
너 대체 뭘 한 거야?

사건 10일쯤 되던 6월 15일, 뉴욕 경찰이 소녀를 체포했고 도난당한 휴대전화는 주인인 이바나에게 돌아왔어.
하지만 이바나는 소녀를 고소하지 않았지.
어차피 휴대전화가 목적이었으니 처벌은 바라지 않아요.
정말?!

약 10일 동안 일어난 이 사건에서 우리는 두 가지의 사실을 생각해 볼 수 있어.
?

첫째, 집단이 창출해 내는 힘이 대단하다는 점이야.
누리꾼의 힘이 이 정도일 줄이야….

둘째, 인터넷의 발달이 없었다면 이러한 힘을 끌어낼 수 없었을 거란 점이야.
나 없이 가능했을 거 같아?

프랑스의 미디어 철학자이자 사회학자인 피에르 레비(Pierre Levy, 1956~)는 아래처럼 지적하면서,
디지털 테크놀로지의 발전이 인간 사회와 인지 활동에 긍정적인 역할로 자리매김하고 있다.
이런 환경 속에서 급부상한 군중의 힘을 '집단 지성(collective intelligence)'이라는 말로 설명하고 있어.
와우!!

집단 지성은 어디에나 분포하며,
없는 데가 없구만….

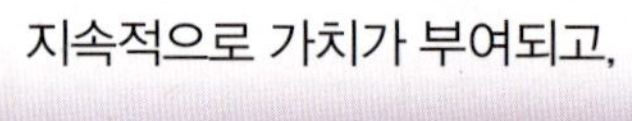

지속적으로 가치가 부여되고,
우와, 가치가 계속 유지되네.
오늘 시세는 180,000원입니다.
역시!
GOLD
급신
급신
번쩍
번쩍

실시간으로 조정되며,
모든 게 내 맘대로….
호박씨

실제로 힘을 이끌어 내는 지성을 의미해.
나를 따르라!!

즉, 집단 지성은 사람들이 서로를 인정하면서 함께 풍요로워지는 공동체 사회를 이상향으로 삼고 있어.

그렇다면 이 시대를 유토피아로 이끌어 가는 디지털시대의 공동체는 어떤 것일까?
이전 시대의 공동체
디지털시대의 공동체

구석기 시대의 공동체는 혈연 중심, 혈족 중심의 공동체였지. 우리의 성(姓)이 바로 이것을 보여 주고 있는데,
얘는 아들.
얘는 딸.
같은 피를 물려받은 후손이 아닌 이에게는 배타적인 성향을 보이는 거야.
넌 누구냐?
옆 동네에서 왔습니다.

신석기 시대 이후 공동체는 영토에 기반하게 되는데, 그들은 주로 같은 지역에 살거나 같은 것을 소유하면서 동질감을 갖게 되지.
고향이 어디당가?
전라도랑께유~.
워메~ 그럼 우리 식구네잉~.

16세기 이후에 등장한 새로운 공동체는 혈연 중심도, 지역 중심도 아니야.
….
재는 누구냐?
몰라~.
새로운 공동체
혈연
지연

자본과 인력, 그리고 정보의 유통에 의해 생성되고, 상품 가치가 있는 하나의 집단에서 생성되는 공동체야.
우리는 한 가족.
사장
부장
대리

이를테면 직업이 같은 이들의 모임 같은 형태지. 변호사들의 모임, 연예인 야구단과 같은 형태를 예로 들 수 있지.

그리고 지금 디지털시대에는 성, 지역, 직업이 서로 달라도 특정한 지식, 정보에 의해 공동체가 만들어지는 '지식 공동체'의 단계에 와 있어.
무슨 공동체예요?
국민의 안전을 지키는 공동체입니다.

지식 공동체가 가능해진 조건은 세 가지인데,
지식 공동체
무슨 자물쇠가 3개나 되냐?

첫째, 과학과 기술의 발달로 지식과 정보가 더 빠른 속도로 발전하고 있고,
이게 다 과학 기술의 발달 덕이지.

둘째, 지식이 일부에게만 국한되는 것이 아닌 대중에게로 널리 확산되고 있고,
으흠…. 그렇구먼….

셋째, 디지털에 의한 사이버 공간이라는 새로운 도구들이 등장함에 따라 수많은 정보들을 저장하고 재편집할 수 있게 된 점이야.

즉, 사이버 공간이라고 하는 변화무쌍하고 방대한 공간을 이용하여 수많은 사람들이 참여하며

자신의 상상력과 지성을 드러내며 새로운 관계를 맺고 있는 거야.

'도난당한 사이드킥' 사건을 다시 한 번 생각해 보자.
안녕~.
어?

잃어버린 물건을 찾는 일은 원래는 셜록 홈즈 같은 탐정들이 의뢰를 받아서 하는 일이잖아?
자네 오늘 핫도그를 먹었군.
아니, 그걸 어떻게!!

소식을 전하는 일은 기자와 같은 사람들의 일이고.
사귀는 여자친구가 있으신가요?

그런데 디지털 기술을 통해 전문가들이 맡았던 이런 일들을 일반 대중이 할 수 있게 되었지.
그럼 우리는….

프로그래머였던 에반은 웹사이트에 사건의 정황을 상세히 올렸고,
상세히!

웹상에서 인터넷 서핑을 즐기던 수많은 대중들은 수동적 자세에서 벗어나
수동적 관람객
어우~ 더워.
대중

자신의 블로그에 글을 퍼 나르고 탐정처럼 소녀의 집을 찾아가 일상을 동영상으로 찍어 사이트에 올리기도 했어.
도난당한 사이드킥
이상하게 누군가 보고 있는 거 같네…?

이른바 일반인 누구나 적극적으로 사건에 참여할 수 있는 문화가 생겨난 거지.
이 사건은 범인의 행적 조사를 할 수 없….
여기 동영상이 있어요!!

게다가 디지털시대의 대중들의 참여는
참여에만 머무르는 것이 아니라 현실에
직접적인 변화를 이끌어 내지.

그 덕분에 휴대전화를 찾는 것처럼 예상치 못했던 일을
이룰 수 있었던 거야. 그야말로 강력한 집단의 힘을
가지게 된 거야.

분산 협업(distributed collaboration)을 통한 집단
지성의 힘을 엿볼 수 있는 또 다른 예는
바로 지식 정보 검색 사이트에서 나타나.

디지털시대 이전에는 정보는 모두 소수의
지식인층과 전문적인 저자들에게서 나오는
거였어.

그런데 지금의 수많은 정보는 대중 모두가 함께
제공하고 커뮤니케이션하면서 완성해 가는 형태로
변하고 있어.

네이버의 지식iN을 생각해 봐.

가요를 좋아하는 한 친구가 듣기 좋은 노래를 추천해 달라는 글을 올려.
듣기 좋은

글이 오른 지 몇 분이 채 지나지 않아서, 수십 개에서 수백 개까지 댓글이 달리곤 하지.
벌써?
딩동~

영국의 유명 밴드인 비틀즈의 'Let it be'를 추천하는 글,

소녀시대나 빅뱅의 최신 댄스 음악을 추천하는 글 등,

아주 다양한 노래를 추천하는 댓글들이 순식간에 달려.
이건 뭐, 다 좋다고 그러네.

이런 댓글들은 사이트를 운영하는 회사에서 올린 게 아니야.
글쎄~ 저희가 아니에요.
정말?
직원

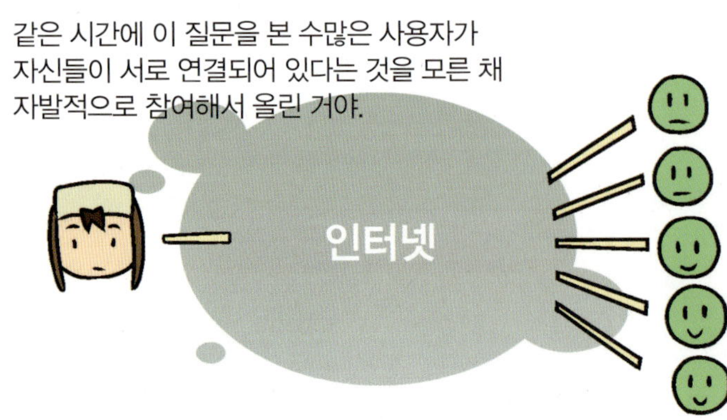
같은 시간에 이 질문을 본 수많은 사용자가 자신들이 서로 연결되어 있다는 것을 모른 채 자발적으로 참여해서 올린 거야.
인터넷

디지털 기술의 도움으로 우리는 짧은 시간에 다양한 정보를 얻을 수 있게 된 거지.
좋구나….

인터넷 백과사전이라고 불리는
위키피디아(Wikipedia)를 들어본 적 있어?

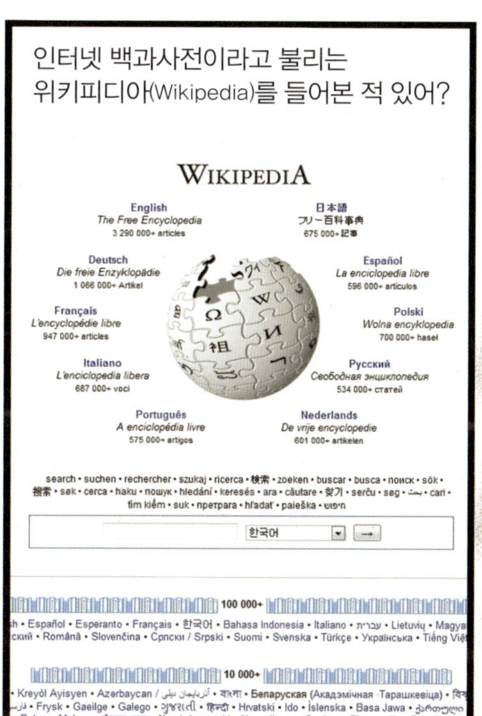

'위키'라고도 부르는 위키피디아는 개방형 백과사전이라고 하는데,
누군가 하나의 정보를 올리면 또 다른 누리꾼이
빠진 정보를 보충하고, 잘못된 정보는 수정하는
형식으로 되어 있어.

즉, 책처럼 완성된 형태가 아니라 계속 편집 과정을 거쳐
완성되어가는 형태의 정보와 지식이 모인 거지.

위키는 2000년 전문가들이 제공하는
지식과 정보를 중심으로 하는 인터넷 무료
백과사전인 '누피디아(Nupedia)'에서 출발했어.

그런데 처음의 기대와는 달리 글을
써야 하는 전 세계의 학자들이
누피디아에 대해 알고 있었음에도
불구하고,

글을 쓰겠다고 자원하는
사람을 찾아내기가
어려웠어.

정보의 신뢰도를 위해서 초안
작성에서 글을 게시하기까지
7단계나 거쳐야 했거든.

각 단계마다 절대 시간이 필요했고,
3시간 짜리
1시간 짜리
5시간 짜리
6시간
뭐가 이렇게 오래 걸려!!

글의 수가 많아질수록 검토 인력의 수도 많아져야 했기 때문에,
누, 누구?
작성하신 글 검토하러 왔습니다.

정보가 모이는 속도는 자연히 더딜 수밖에 없었어.
여기….
여기 너무 느리잖아요.
죄송..
누피
정보

그렇지만 다양한 언어를 사용하는 전 세계 모두에게 개방되어 있는 위키피디아는 시간과 인력의 한계를 뛰어넘으면서 '우리 모두의 백과사전'으로 자리 잡고 있어.
누피
아~.
메롱~.
아머시!! 이세는 저의 시대입니다.
위키

상식적으로 생각해서, 각 분야의 전문가는커녕 누군지도 모르는 사람이 올려놓은 글을 믿을 수 있을까?
이 약 한번 잡쉬 봐….
음….
약

더군다나 백과사전이라는 건 학문, 예술, 문화, 사회, 경제, 과학 등 인간의 모든 활동에 대한 지식을 압축해서 정리하고 해설한 책으로,
학문
예술
문화
사회
경제
과학
조심, 조심! 고생이 많으시네요.
백과사전
하하~ 뭘요.

그 안에 담고 있는 정보들은 객관성과 정확성을 생명으로 하잖아.
이거 믿을 수 있어요?
하하~ 속고만 사셨나?
백과사전
허위정보

아무리 정보의 양이 많다 하더라도 신뢰가 없다면 어떤 누구도 그 정보에 가치를 매기려하지 않을 거야.
뭐? 속고만 사셨나?
아니…. 저 그게 아니라….
허위정보
백과사전

그렇다면 네이버의 오픈백과나 지식iN, 그리고 위키피디아와 같은 개방형의
지식 정보 사이트는 어떻게 그 정보의 신뢰도를 유지할 수 있는 걸까?

기본적으로 함께 작업하길 원하는 사람들은 서로를 믿는 경향이 있어.

이 신뢰는 무조건적인 정보에 대한 신뢰가 아니라 사람에 대한 신뢰에서 시작돼.

내가 올린 글을 누군가가 수정한다면, 나와 의견이 다른 사람의 의견에 배타적인 감정을 갖는 게 아니라

신뢰를 바탕으로 하는 글쓰기 작업과 끝없는 수정과 보완을 통해 서로가 서로를 검증하고 견제하기도 해,

신뢰를 바탕으로 정보의 옳고 그름을 다시 한 번 판단하는 마음가짐을 갖는 거지.

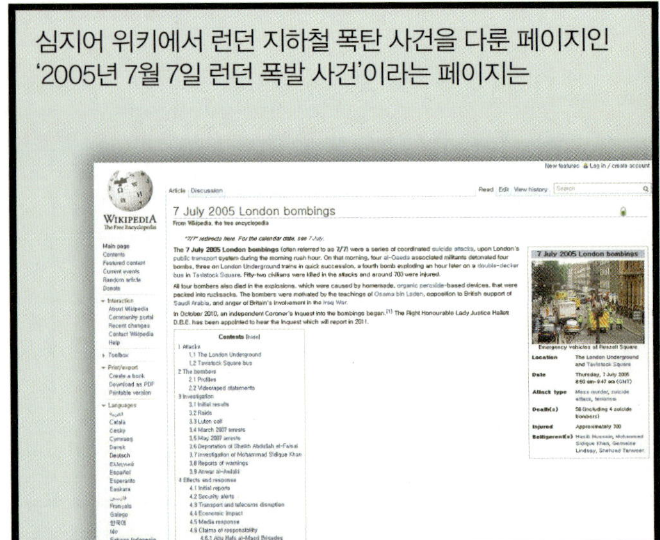
심지어 위키에서 런던 지하철 폭탄 사건을 다룬 페이지인 '2005년 7월 7일 런던 폭발 사건'이라는 페이지는

처음 네 시간 동안 1천 회가 넘는 편집 과정을 거치면서 신속하면서도 객관적인 정보를 전달했어.

위키의 공동 창업자인 지미 웨일스(Jimmy Wales, 1966~)는 위키의 이러한 자체 수정 과정을 자기 치유의 과정이라고 불러

실제로 세계적인 과학 잡지인 「네이처」의 2005년 12월호에 따르면,

과학 카테고리를 대상으로 브리태니커와 위키피디아의 오류를 비교한 연구에서, 위키피디아보다 브리태니커가 훨씬 많은 잘못된 정보를 가지고 있는 것으로 드러났다고 해.

위키피디아는 정보의 오류가 지적되는 순간 바로 수정할 수 있지만, 브리태니커는 다음 개정판이 나올 때까지 수정을 하지 못하기 때문이야.

브리태니커 : 1768년 처음 출판된 백과사전으로 영어권에서 가장 오래되고 권위 있는 종이 형태의 백과사전.

일반 대중의 끊임없는 협동 작업과 정보 공유, 즉 집단 지성을 기반으로 하여 디지털 세계에서 엄청난 가치가 만들어지는 거지.

그런데 언제, 어디에나 분포하는 지성에 대한 가치를 누가 인정해 주는 걸까?
도대체 누가 우리를 인정해!
응?!
집단 지성

몇 년 전까지만 해도 이 가치는 국가나 특정 권력 집단에 의해서 부여되었어. 지적소유권, 지식재산권이라는 이름의 권리가 바로 그것인데,
자, 이분들이 그분들입니다!!
안녕~.
지적 소유권
지식 재산권

인간의 지적 창작에 대한 가치를 인정하고 지식 정보를 소중히 여기는 데서 온 풍습이지.
저사람 매일 집에 있나 봐요.
어이쿠~ 저 나이에 일을 해야 하는데….
작 가

1980년대 초 미국의 레이건 대통령 행정부에서 강력하게 추진한 특허 정책인 프로 패턴트(Pro Patent)정책 등은
미국과 유럽 등이 경제적으로 급성장할 수 있었던 이유 중 하나였다고 봐도 과언이 아니야.
세계 경제 성장률
미국
유럽
그 외
오오~.

토머스 에디슨(Thomas Alva Edison, 1847~1931)만 해도 평생 1,300종의 특허를 획득해서 어마어마한 돈을 벌었다고 해.
뭐, 이런 걸 가지고.
……

지식으로 돈을 벌며 그 권리를 일정 기간 소유할 수 있는 제도인 지적소유권은 개인과 사회, 국가가 이익을 얻을 수 있는 제도였어.
너, 이 자식.
좋은 놈 이구나.
개인
지적 소유권
사회

특허 같은 정보의 기록과 공유가 없었다면 유용한 지식을 혼자만 알게 되어 기술 진보가 훨씬 더디었을 거야.
이건 누구에게도 알려 줄 수 없어….
알려 주세요!!
쿨 럭
쿨 럭

하지만 때론 특정인에게 지식의 소유가 독점되는 일이 독이 되어 돌아올 때도 있어.
지식의 소유
특정인
으아아~ 돌아온다!!!

지식과 기술을 개인 혹은 일부가 독점함에 따라 전 인류에게 손실을 입힐 수 있는 경우가 있거든.
제발 알려 주세요!!
싫어!

휴대전화인 '블랙베리'로 잘 알려진 캐나다의 림(RIM)이라는 회사도 마찬가지이지.
RIM
블랙베리를 완성하는 기술 중 일부가 특허에 등록돼 있어서, 개발이 늦어지고 지불해야 하는 특허비만 무려 6억 달러가 넘게 들었다지?
내놔!
특허
RIM 사장

특허 제도의 본래 취지와 목적이 훼손되어 특허 괴물이 된 셈이지.
특 허 괴 물
사람 살려!
사람 살려!!

그래서 누구나 쉽게 자료를 사용하고 복제, 배포, 수정할 수 있는 디지털시대에는
참~ 쉽죠잉~.

개인이 지식을 독점함으로써 발생하는 비용을 줄이기 위해 공개 소프트웨어를 통한 사업들이 더 많아지고 있어.
자자, 한번 보시고 가세요~
치킨오프

이른바 오픈 소스(Open Source) 운동의 일환인데,
자~ 레시피도 받아 가세요.

copyright의 권리를 주장하던 시대에서 copyleft의 시대로 바뀌게 된 거지.
이것은 입에서 나는 소리가 아니여~.
그게 아니야….
헉!!
COPY
라이트.
레프트.
L
R
헉!!

앞서 얘기했던 집단 지성의 장점들을 충분히 활용하여 자발적인 협업과 분업을 통해 자유롭게 자료를 활용하면서 더 나은 방향으로 수정하고
집단 지성

새로운 것을 만들어 가는 개방형의 지식 공동체 사회가 디지털시대를 살아가는 우리 앞에 등장한 거야.

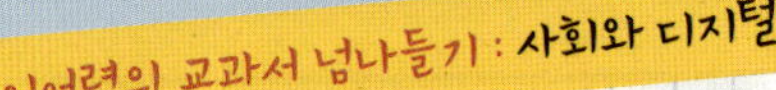

나는 네가 지금 무엇을 하는지 알고 있다

누가 볼까 봐 일기장을 꼭꼭 감추던 시대는 지나갔어요. 요즘은 아무도 일기장에 자물쇠를 채워 놓지 않아요. 하루에 한 번이 아니라 수시로 공개된 일기장에 자신의 일상을 기록해요. 디지털 시대의 일기장은 바로 블로그나 홈페이지 등 인터넷 웹사이트예요.

우리는 매일 친구들의 블로그를 방문해서 그들의 일상을 엿봐요. 친구가 느낀 기분을 함께 공유하고 댓글을 통해 자신의 의견을 나누기도 해요. 그러면서 친구와 좀 더 가까워지고 서로를 이해하게 되었다고 생각해요. 이제 사람들은 적극적으로 생활의 일부를 노출함으로써 다른 사람과의 관계를 좀 더 긍정적이고 친밀하게 만들고 있어요.

심지어 최근에는 자신의 위치를 실시간으로 친구에게 알려 주는 모바일 서비스가 등장해 인기를 누리고 있어요. 학교에 도착하자마자 위성에서 보내 주는 나의 좌표를 체크해요. '오늘도 1등으로 학교에 도착'이라는 간단한 메시지도 함께 기록해요. 그야말로 우리는 지금 내 친구가 어디서 무엇을 하는지 속속들이 알 수 있는 시대를 살고 있어요.

더 나아가 디지털 기술은 모르는 사람과도 친구가 될 수 있는 기회를 제공해요. 싸이월드, 페이스북, 트위터 등 디지털 시대를 주름잡고 있는 이런 서비스들을 소셜 네트워크 서비스(social network service, SNS)라고 해요. 소셜 네트워크 서비스들은 그물망처럼 '나'를 중심으로 다양한 사람들을 아주 쉽게 연결시켜 주기 때문에 모르는 사람들과도 쉽게 친구가 될 수 있어요.

1967년에 심리학자 스탠리 밀그램(Stanley Milgram, 1933~1984)은 160명에게 편지를 주면서 특정인에게 편지를 다시 전달하게 하는 간단한 실험을 통해 '6단

이제 사람들은 일기장보다 블로그에 일상을 기록해요.

계 분리 이론'이라는 개념을 만들었어요. 이 개념은 사람과 사람 사이를 연결하다 보면 어떤 사람과도 6단계 이내에서 연결된다는 것이에요. 최대 6단계만 거치면 미국 대통령인 버락 오바마(Barack Hussein Obama, 1961~)와도 아는 사람이 될 수 있어요. "우리 형의 아는 사람의 친구의 동생이 슈퍼주니어 동해의 친구야."라는 식의 논리예요.

6단계 분리 이론을 만든 스탠리 밀그램.

　재미있는 사실은 디지털 기술의 발달로 6단계조차 대폭 줄어들고 있다는 점이에요. 연락을 취하고 싶은 사람이 있다면 우리는 당장 인터넷에서 검색하여 그 사람의 이메일이나 트위터, 그리고 페이스북의 주소를 검색해요. 만약 연락처를 찾아낸다면 우리는 상대방에게 곧바로 메시지를 남길 수 있어요. 지인들의 소개를 통해 연락할 수 있던 과거와는 달리 이제는 직접 연락할 수 있는 시대가 된 것이에요.

　인간이 존재하면서부터 이미 중요한 일이었던 인간관계, 즉 사회적 네트워크는 인터넷과 휴대전화 등의 기술 발달로 이전과는 다른 형태가 되었어요. 특정 공간에 거주하면서 생활하던 인류는 이제 디지털 기기를 들고 떠돌아다니는 디지털 유목민의 삶으로 나아가고 있어요. 더 이상 사람을 만나기 위한 특정 공간이 필요한 것도 아니며 특정 시간을 기다리는 일도 의미가 없어졌어요. 디지털 시대의 우리는 언제 어디서든 원하는 사람과 만날 수 있게 되었어요. 접속만 되어 있다면 말이에요.

6장 디지털시대의 예술은 비빔밥이다

최초의 영화라고 알려진 뤼미에르 형제의 〈열차의 도착〉은 1895년 12월 28일, 명사들의 사교의 장이었던 그랑카페에서 최초로 상영되었어

당시 관람객들은 그 사회적 지위만큼이나 우아하게 차려입고 관람을 준비했는데, 영화가 시작하자 극장 밖으로 허겁지겁 뛰어 나왔다고 해.

영화 제목에서 나타나듯이 스크린 저쪽에서 열차가 달려오고 있었거든.

영화를 처음 접하는 당시 사람들은 스크린 속 기차가 스크린을 뚫고 관객석의 자신들 위로 지나갈 것이라고 착각했기 때문에 안전을 위해서 도망을 친 거야.

이 사건은 영화라는 허구 세계에 익숙한 지금의 우리들에게 그저 우스꽝스러운 이야기에 지나지 않지만,
바보 아냐?

이 일화를 끄집어낸 이유는 시간이 흐르고 시대가 바뀜에 따라 변화하는 예술에 대한 이야기를 하기 위해서야.

역사학자 토인비(Arnold Toynbee, 1889~1975)가 인류의 역사를 '도전과 응전의 연속 과정'이라고 말했던 것처럼

디지털시대를 사는 우리들은 사고방식과 세계관을 꾸준히 변화시키면서 생존과 발전을 거듭해 왔어.

우리가 누리는 예술 문화 역시, 그 내용과 형식 모두 끊임없이 변화와 발전을 거듭하면서 디지털 환경에 대응해 왔는데,

지금부터는 디지털시대 예술의 변화를 살펴보도록 할게.
LET'S GO!!
...

그런데 이러한 예술은 언어(language)와
이미지(image), 몸짓(gesture), 소리(sound)
등의 단위로 구성되어 있어.

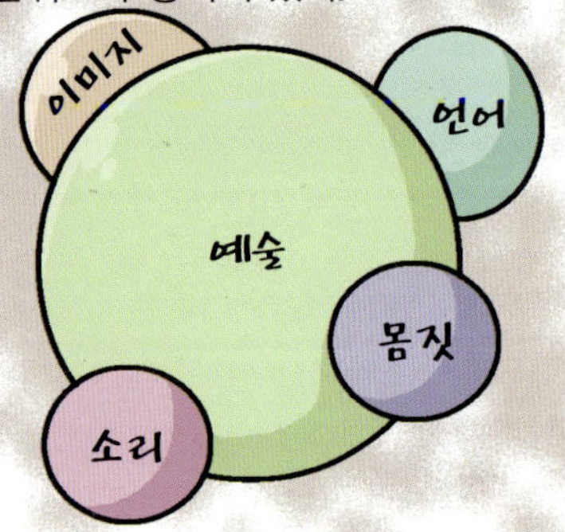

인간은 이처럼 예술의 기본 단위가 되는 언어, 이미지, 몸짓, 소리 등의 기본 요소를 도구 삼아
언어
이미지
몸짓
소리

자신의 상상력과 영감을 표현하면서 예술을 완성시켜 나가고 있어.

언어만 가지고 이루어진 예술은 시, 소설, 희곡 등의 문학 장르가 속한 내러티브(narrative) 예술이고,

〈모나리자〉와 같은 미술 작품은 그림, 즉 이미지의 요소만 가지고 이루어진 예술이지.

어릿광대의 퍼포먼스는 몸짓으로,

베토벤의 〈운명 교향곡〉과 같은 음악은 소리로 이루어져 있어.

뿐만 아니라 두 개 이상의 기본 요소가
모여 표현된 예술 양식도 있는데,

바로 만화, 연극, 뮤지컬, 영화,
그리고 게임과 같은 장르의 예술들이야.
MOVIE

만화는 내러티브와 이미지가 혼합되어
나타난 것이고,
호이!!

연극이나 뮤지컬 등은 내러티브와
몸짓, 그리고 소리와 음악이
혼합되어 나타났어.
창~물을
열~어~다~오~

특히 예술 장르에서의 혼합은 기술이
발전함에 따라 더욱 늘어나기 시작했어.
맛있겠다!!
아 앙~

영화는 수십만 장의 이미지들을 연속으로 보여 줄 수
있는 영사기의 발명에 의해 등장했는데,
이것도
내 작품이지….
기차가
움직인다!!

내러티브와 이미지, 그리고 움직임의 결합에,
배경음악, 배우들의 목소리,
그리고 효과음까지 융합시켜서
완성한 예술이라 할 수 있어.

최근에는 CG라고 일컫는 컴퓨터 그래픽(Computer
Graphic)까지 결합되어 그야말로 모든 요소가
복합적으로 녹아있는 예술로 재탄생하게 되었지.

특히 디지털 기술의 도입은 이와 같은 요소와 요소의
결합을 더욱 용이하게 하고,

요소들이 결합한 이후에, 온전한 상태로 다시
분리하는 일도 가능하게 하고 있어.

이는 디지털의 대표적인 특성인
'모듈성' 때문인데, 이 원리는
프랙탈 구조에서 비롯돼.

프랙탈(fractal)은 조각난 도형을
뜻하는 말로, 일종의 패턴(pattern)과
같아.

크기는 다르지만 같은 구조를
지니고 있어서,

원래의 형태가 무한히 반복되는 특징을 갖고 있어.

특히 반복되는 패턴 속에서도 자기 고유의 모습을
잃지 않는다는 특징을 가지고 있지.

프랙탈의 대표적인 예로는 많은 수학자들이
연구하고 있는 시에르핀스키 삼각형(Sierpinski
triangle)과 코흐 눈송이(Koch snowflake)등을
들 수 있어.

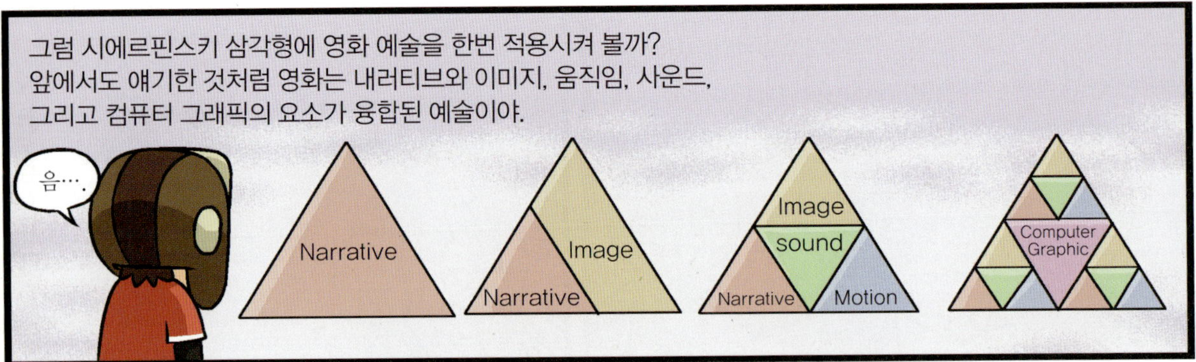

그럼 시에르핀스키 삼각형에 영화 예술을 한번 적용시켜 볼까?
앞에서도 얘기한 것처럼 영화는 내러티브와 이미지, 움직임, 사운드,
그리고 컴퓨터 그래픽의 요소가 융합된 예술이야.
음....
Narrative
Image
Narrative
Image
sound
Narrative
Motion
Computer
Graphic

영화의 영상들 중에서 하나의
스틸 이미지만 독립적으로
분리할 수 있잖아?
연속되는
영상 중에서 뽑은
이미지예요.

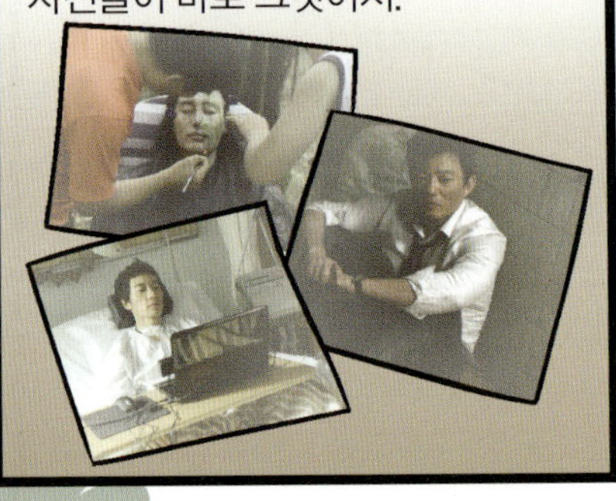

새로운 영화가 개봉할 때 영화 속
이미지 컷으로 소개되는 수많은
사진들이 바로 그것이지.

또 영화의 배경음악은
OST 음반으로 분리되어
판매되기도 해.
영화 O.S.T

내러티브, 이미지, 사운드, 움직임 등 영화를 이루는 모든 요소들이
그 자체의 독립성을 잃지 않은 채 저장되고,
조심해서
운반해 주세요.
걱정 마세요.
OX 택배

보다 큰 단위로
조합될 수도 있다는 말이
무슨 말인지 이제 좀
이해할 수 있겠지?

그런데 가장 많은 요소가 융합된 단계인 줄
알았던 영화를 뛰어넘으면서 등장한 것이
바로 컴퓨터 게임이야.
훗!!
컴퓨터
게임
영화
필름

디지털 기술로 인해 등장한 게임은 다른 장르의 예술과
문화, 그리고 미디어 전반에 엄청난 영향을 미치며
발전하고 있어.
게임
뭘 봐!!
구경났냐?
음악
영화
문학

최초의 게임은 1962년 미국의
MIT 공대의 컴퓨터광들이 만들어 낸
'스페이스 워(Spacewar)'라고 해.

이 게임은 우주선 두 대가 태양을 가운데 두고 서로에게 미사일을
발사하는 아주 단순한 흑백 화면이었지만,
SCORE<1> HI-SCORE SCORE<2>
00030   00000
뭐야….
별거 없네….

사용자들은 이 단순함에 매료되었고,

지금은 엄청나게 방대해진 게임 시장의 시초가 되었어.
이게 우리 가문의
시초다.
게임

무엇보다 사람들을 컴퓨터 게임에
몰입하도록 했던 요인은
안 자니?
한 판만
더하구요.

바로 상상 속에서만 머물렀던 우주 전투를 벌이는 상황과,
우주선을 마음대로 조종하는 자유롭고 적극적인 활동
때문이었어.

즉 컴퓨터와 사용자 간의 상호작용성,
인터랙티비티(interactivity)가 몰입의
핵심 요인이었던 거야.
이거 받아.
오~
땡큐!!

사실 컴퓨터 게임 이전의 모든 예술 작품들도 어떤 면에서는 '상호작용적'이었어.
정말?
응?

문학을 읽는 독자들은 작가가 숨겨 놓은 의미들을 발견해 가면서 나름대로 예술을 해석하고,

연극이나 영화 역시 극의 흐름에 따라 웃고 울면서 반응을 보이잖아.

그런데 이렇듯 기존 예술에서든 컴퓨터 게임에서든 상호작용성이 존재하지만 상호작용성의 결과를 따지면 둘은 차이가 있어.
문학
영화
연극
게임

문학의 경우에 독자의 해석에 따라 원래의 내용이 바뀌는 것은 아니잖아.
그러네?

영화도 마찬가지이지.
그러네?

관객이 영화 속 로미오를 향해 줄리엣은 진짜 죽은 것이 아니라고 울며 소리쳐도 영화 속 로미오는 독약을 마시잖아.
안 돼, 먹지 마~!!

관객의 상호작용이 영화의 결말을 바꿀 수 있는 가능성은 제로에 가까워.
또 로미오를 못 구했어….
아~ 왜 이러세요.
몇 번째야….

객체와 객체, 문화와 문화의 만남을 통해 예술이 변화하는 흐름의 중심에는 '융합'이라는 키워드가 자리하고 있어.

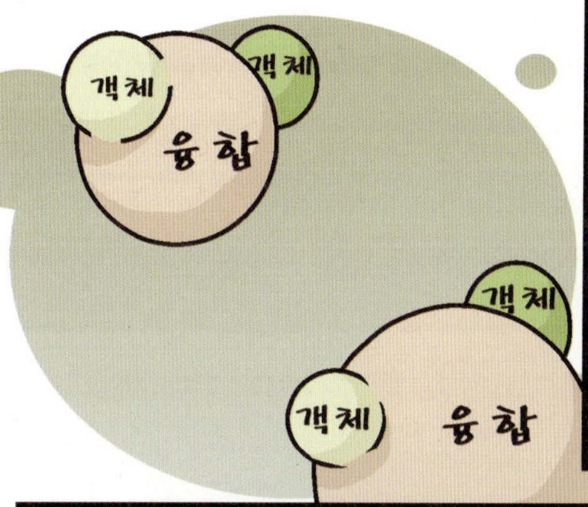

현대인의 입맛에 맞는 새로운 요리를 선사하고 있어.

요리법뿐 아니라 음식 문화와 다른 문화 간의 융합도 시도하고 있는데,
야, 너도 같이 가자!!
나?
요리법
음식문화
다른문화

음식점에는 어울릴 것 같지 않은 전통음악 라이브 연주라든가
OLLEH!!
멕시코 음식과 멕시코 음악이라~

대형 스크린으로 함께 스포츠를 관람하는 극장의 역할까지, 음식점 역시 다양한 융합을 시도하고 있어.

디지털시대의 화두가 되고 있는 융합은 '컨버전스(convergence)'라는 용어로 더 많이 알려지고 있는데,
CONVERGENCE? 컨버전스?

그야말로 서로 어울릴 것 같지 않은 두 개 이상의 요소들이 결합되어 이전에 보지 못한 새로운 창조물을 만들어 내는 것을 말해.

지금은 타계하셨지만,
컨버전스 예술가, 디지털시대의 예술가 하면
떠오르는 사람은 바로 백남준 선생님이야.
안녕? 앞에서
잠깐 봤지?
?

이 책 맨 앞장에서도 디지로그의 개념을
설명하면서 잠깐 백남준 선생님 이야기를 했는데,
기억나?
아,
〈TV 부처〉!
그래.

예술과 텔레비전을 융합한 첫 작가인 백남준 선생님은
예술과 정보사회의 기술의 결합을 제안한 예술가였어.
이 아이에겐
정보사회의 기술이
필요합니다!!
예술

그는 기술을 통해 예술이 더 강해질 수 있고,
인간 생활에 큰 변화를 가져올 수 있다고
믿었어.
이 기술이
우리 생활에
큰 도움이 될 거야.

1967년에 쓴 『전자와 예술과 비빔밥』이라는
책에서는
전자와
예술과
비빔밥

비빔밥의 본질이 콩나물도, 숙주나물도, 표고도, 시금치도
아닌 것처럼
응? 이건
아니에요?!

정보사회의 기술과 예술의 결합 역시 상상력
넘치는 예술 작품들을 만들어 주는 원동력이
되어 준다고 말씀하셨어.

정말 시대를 앞서가는 우리나라의
대표 예술가임에 틀림없어.
대단해요!!
훗!!

회화는 점, 선, 면으로 이루어진 형태들과 색깔,
그리고 질감 등으로 구성되어 있어.

사실 우리는 아침부터 저녁까지, 심지어 꿈속에서도 다양한 이야기들을 만나면서 살고 있어.
안녕~.
안녕~.
이야기

하지만 언어로 된 모든 것을 이야기라고 할 수 있을까?
맞나? 아닌가?
언어
WORD

TV 뉴스를 생각해 봐. 뉴스는 이야기, 즉 서사일까, 아닐까?
뭡니까?
예?
다음 두 문장을 예로 들어 보자.
(1) 극장에 불이 났다. 관객들은 밖으로 대피했다.
(2) 극장에 불이 났다. 그래서 관객들은 밖으로 대피했다.
크게 차이는 없어 보여요.

결론부터 말하자면, (1)은 뉴스를 가득 채우고 있는 정보이고,
음….
(1)
정 보

(2)는 소설, 영화, 만화와 같은 엔터테인먼트 미디어에서 자주 만날 수 있는 이야기야.
오호~.
(2)
이야기

그렇다면 정보와 이야기의 차이는 뭘까?
정 보
이야기

많은 서사학자들의 정의에 따르면, 사건의 나열을 이루고 있는 정보와 달리 이야기는 두 개 이상의 사건이 서로 원인과 결과의 관계를 맺으며 표현된 양식이야.

(2)의 문장을 잘 살펴보면, 관객이 밖으로 대피한
이유는 극장에 불이 났기 때문이야.

반면, (1)은 극장에 불이 난 정보와 관객들이 밖으로 나온 정보,
두 가지가 나열되어 있을 뿐,

인간의 가장 기본적이고 보편적인 욕구 중 하나인 이야기는 태곳적부터 존재해 왔고,

이야기 때문에 생판 모르던 사람들끼리 동질감을 느끼기도 하고, 같이 웃고 울면서 지금까지 우리의 상상력을 자극하며 삶의 필수 요소로 작동하고 있어.
또 무슨 생각을….

끊임없이 이야기를 만들어 내고 즐기는 존재인 인간은 특히 허무맹랑한 이야기들에 더욱 매력을 느끼곤 하는데,
와하하~ 저게 뭐야?!
디지털 기술이 발달할수록, 그리고 미디어 간의 융합이 더해질 수록
아까부터 뭐하니?
두고 보자!!
광
쿵

이 허무맹랑한 이야기들은 그 표현의 한계를 뛰어넘어 생명력을 갖게 돼.
짠! 어때?
오 오~

물론 소설이라는 형식을 통해서는 만날 수 있었겠지.

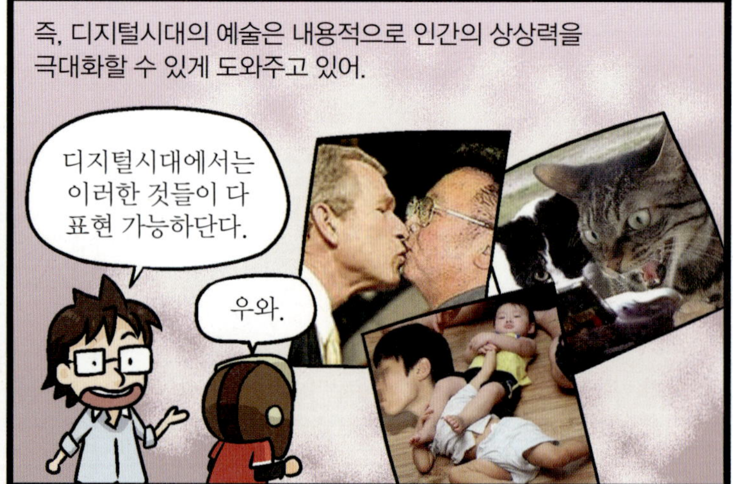

형식의 한계를 뛰어넘어 청각, 시각, 촉각 등의 공감각을 활용하여
인간이 표현하고 싶은 수많은 욕구들을 마음껏
창조할 수 있게 된 거지.

디지털 기술은 이제 우리의
상상력의 한계를 무색하게
만들었어.
고작 그런 게 니들
상상력의 끝이냐?!
뭐?!

인간의 감각기관을 통해
받아들인 모든 경험과 기억,

그리고 상상력을 예술 장르 사이에서,
예술과 기술 사이에서 융합을 통해
완성하고 있어.

중요한 건, 예술가의 상상력과 신기술을
개발하는 과학자, 동양과 서양 등
융합되는 요소들 중에서 어느 하나가
더 뛰어난 게 아니라는 사실이야.

디지털시대 예술의 융합은 서로 간의 끊임없는 소통을
통해서만 이루어질 수 있다는 것을 명심하자고.

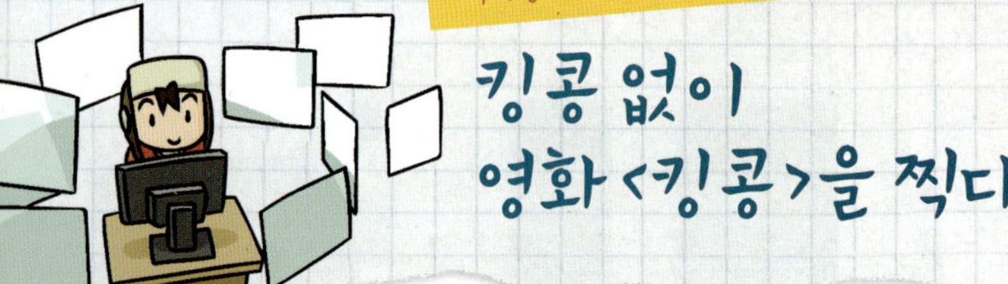

2005년에 개봉한 영화 〈킹콩〉은 국내에서도 400만 명의 관객을 동원한 흥행 작이에요. 그런데 이 영화는 사실 1933년에 개봉한 영화 〈킹콩〉을 리메이크한 작품이에요. 두 작품 모두 정글에서 잡혀 온 거대 괴수 킹콩의 이야기를 담고 있지만, 70여 년의 세월 때문인지 두 작품의 영화 제작 방식은 많이 달라요.

1933년에 개봉한 영화 〈킹콩〉은 고릴라 옷을 입은 배우가 한 손에 모형 전투기를 손에 들고 미니어처(miniature)로 만들어진 엠파이어스테이트빌딩 위에 올라가서 연기하는 것을 촬영한 방식으로 제작되었어요. 미니어처란, 대상을 작은 사이즈로 만들어 놓은 모형으로, 주로 건물이 폭파되거나 도시 전체에 재난이 닥친 것을 표현할 때 활용해요. 빌딩 꼭대기에서 보이는 뉴욕의 하늘은 커다란 캔버스 그림으로 그린 후, 킹콩 뒤에 세워놓았어요. 즉, 1933년의 〈킹콩〉은 눈앞에 보이는 것들을 카메라로 촬영하는 방식으로 관객에게 판타지를 재현했어요.

어린 시절에 영화 〈킹콩〉을 보고 영화감독이 되는 꿈을 키웠다는 피터 잭슨(Peter Robert Jackson, 1961~) 감독은 70여 년이 지난 후 〈킹콩〉을 다시 제작했어요. 2005년의 〈킹콩〉은 인형의 탈을 쓴 킹콩이 아니라 컴퓨터 그래픽(Computer Graphic, CG)으로 만들어진 킹콩으로 다시 태어났어요. 7.6미터의 키에 6,300킬로그램의 몸무게를 가진 거대한 고릴라 킹콩은 촬영 내내 카메라 앞에 한 번도 선 적이 없어요. 고릴라의 근육과 골격, 그리고 표정과 슬픈 눈빛이 주는 애틋함까지 모두 컴퓨터 그래픽으로 만들어진 결과물이에요. 이야기의 배경이 되는 1930년대의 뉴욕 맨해튼의 모습 역시 컴퓨터 그래픽으로 완벽히 재현되었어요. 기술 발달에 의한 영화 제작 방식의 변화는 영화라는 미디어의 패러다임에 많은 변화를 주었어요.

원래 영화는 1933년의 〈킹콩〉처럼, 있는 것을 그대로 찍어 내는 재현의 예술이었어요. 예전의 영화 제

고릴라 분장을 하고 찍은 1933년의 〈킹콩〉.
© RKO 라디오 픽처스.

작 방식을 살펴볼까요? 먼저 이야기에 적합한 배경이 되는 장소를 찾아내고 조명과 카메라를 설치해요. 배우들은 분위기를 한껏 살릴 수 있는 의상을 입고, 분장을 하고, 카메라 앞에서 연기해요. 그리고 카메라는 우리 눈으로 직접 볼 수 있는 현상을 찍어요. 실제로 있는 현상을 이야

컴퓨터 그래픽으로 만들어진 2005년의 〈킹콩〉.
© 유니버설 픽처스.

기의 소재로 삼아 사진을 찍듯이 재현해 내는 것이에요. 이런 방식의 영화를 '키노아이(kino-eye)'라고 불러요. 카메라를 가지고 촬영하는 영화의 작업 방식을 나타내는 말이에요. 그래서 '키노'는 영화를 가리키는 또 다른 말이기도 해요.

　반면 애니메이션은 없는 것을 만들어 내는 상상의 예술이었으며, 영화와는 다른 길을 걸어 왔어요. 최초의 유성 애니메이션 〈증기선 윌리〉(1928)를 볼까요? 미키마우스의 데뷔 작품이기도 한 〈증기선 윌리〉는 월트 디즈니가 손으로 한 장 한 장 그려서 탄생했어요. 가난하지만 움직이는 만화를 그리는 일을 너무 좋아했던 월트 디즈니는 어느 날 작업실에 돌아다니던 배고픈 생쥐를 보고 아이디어를 얻었다고 해요. 생쥐를 주인공으로 한 애니메이션, 그렇게 미키마우스는 빨간 멜빵바지와 노란 신발을 신고 두 발로 서서 연기하게 되었어요. 노래를 부르고 여자 친구 미니마우스와 즐거운 데이트도 할 수 있게 되었어요.

　그러나 디지털 기술이 발전함에 따라 영화와 애니메이션의 경계가 점점 사라지고 있어요. 있는 그대로 찍던 영화에 특수 효과 혹은 컴퓨터 그래픽이라는 이름으로 애니메이션 기술이 융합되고 있는 것이죠. 디지털 시대의 영화는 2005년의 〈킹콩〉처럼 컴퓨터 그래픽으로 영화 같은 장면을 만드는 것이 가능해졌어요. 그리고, 자르고, 붙이고, 합성하는 디지털 이미지 편집으로 현실에는 존재하지 않는 것들을 구현해 내는 '키노브러시(kino-brush)'의 시대가 된 것이에요.

7장 학교에 가지 않아도 된다고?

그 문제가 모바일 기지국에 저장되는 거야.

다른 사용자가 문제가 출제되었던 장소에 오면, 기지국에 저장되었던 문제가 사용자의 모바일에 전송되고,
응? 문자 왔네?
?

사용자는 문제를 풀어 정답을 다시 기지국으로 보내는 거지.
아~ 이게 답이구나~.

이 과정이 끝나면 문제를 낸 사람과 푼 사람 모두 포인트를 받게 돼.
아싸!! 포인트~!!
와~포인트!!
뾰롱~

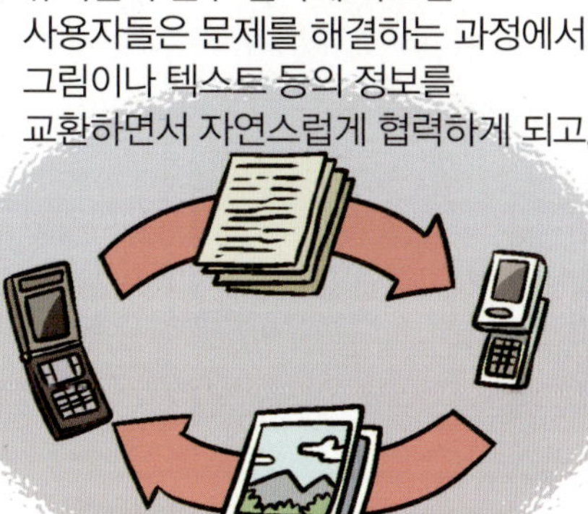

퓨처랩의 연구 결과에 따르면 사용자들은 문제를 해결하는 과정에서 그림이나 텍스트 등의 정보를 교환하면서 자연스럽게 협력하게 되고,

이때 학습적 대화가 많이 생겨나서 사용자들 간에 사회적 교류가 생겨나게 된다고 해.
누가 낸 질문일까?

학습자들은 점수를 많이 얻는 것보다,
내가 입은 속옷 색깔은?

흥미로운 문제를 내는 것과 누가 문제를 빨리 풀었는지와 학습자의 반응들을 더 중요하게 생각했다고 해.
변태 자식.
더러워!
신고했습니다.
띠링!!
엑?!
띠링!!
띠링!!

이 프로젝트는 디지털시대의 학습 패러다임이 일방적인 학습 전달과 수용이라는 전통적 교육 활동에서
쿨~
…

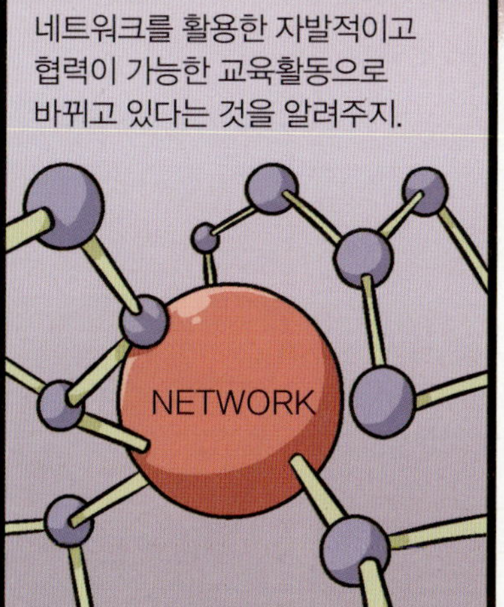

네트워크를 활용한 자발적이고 협력이 가능한 교육활동으로 바뀌고 있다는 것을 알려주지.
NETWORK

디지털 기술의 등장이 학교를 어떻게 바꾸고 있는지 살펴볼까?

전통적인 학교 교육이 어떻게 이루어지고 있는지는 잘 알고 있을 거야.
이놈들아, 뛰어라~!!

전통적 교육은 주로 학교라는 울타리 안에서 이루어져.
내려와!

학생이 배워야 할 것을 선생님이 가장 잘 안다는 전제로 만들어진 교육과정을 차례대로 이수하도록 되어 있어.
자, 니들을 위해 준비했다.
1. 혼난다.
2. 매우 혼난다.
3. 엄청 혼난다.

그런데 컴퓨터가 우리 생활 속으로 들어오면서 특정 장소와 시간에서 이루어지던 기존의 교육 환경이 점점 학습자 중심으로 전환되는 변화를 맞이하게 되었어.
요즘엔 우리가 대세!!
…

정보통신 기술이 교육에 적용되기 시작한 건데, 그 중심에 인터넷 기반의 e-러닝(e-learning)이 자리하고 있어.
e-러닝

e-러닝의 첫 글자 e는 electronic(전자적인)인데,
e lear

모든 학습 활동이 컴퓨터나 멀티미디어와 같은 전자적인 환경에서 일어난다는 것을 상징해.

인터넷을 이용해서 학생들이 더욱 효과적으로 학습할 수 있도록 하는 거지.
몰래 게임하기도 좋⋯.
하지 마!!

e-러닝의 핵심은 3A, 그러니까 언제나(Anytime), 어디서나(Anywhere), 누구나(Anyone) 수준별 맞춤 학습을 할 수 있다는 데 있어.
우리는 e-러닝의 핵심, 3A!!
ANY TIME
ANY WHERE
ANY ONE

또한 시간과 장소에 관계없이 이루어지기 때문에 개방적인 특성을 갖고 있지.
e-러닝은 팬티차림으로도 할 수 있지.

웹 2.0 시대에 어울리게 참여와 공유, 개방의 작용이 이루어지는데,
참여, 공유 개방
e-러닝

인터넷으로 선생님의 설명이 담겨 있는 웹 페이지, 동영상, 애니메이션 등의 자료를 보면서 질문에 답을 하고 토론을 할 수 있는 특징을 가지고 있거든.
왜 그러니?
못 풀면 다음 단계로 못 넘어가거든요.

아, 물론 일방적으로 자료를 보고 끝나는 경우도 있기도 해.
벌써?
다했다!!

또 최근에는 외국 학교의 자료들까지 인터넷에서 공유함으로써
세상 참 좋아졌어.

우리가 어느 지역에서 공부하느냐에 상관없이
다양한 정보와 지식들을 접할 수 있어서

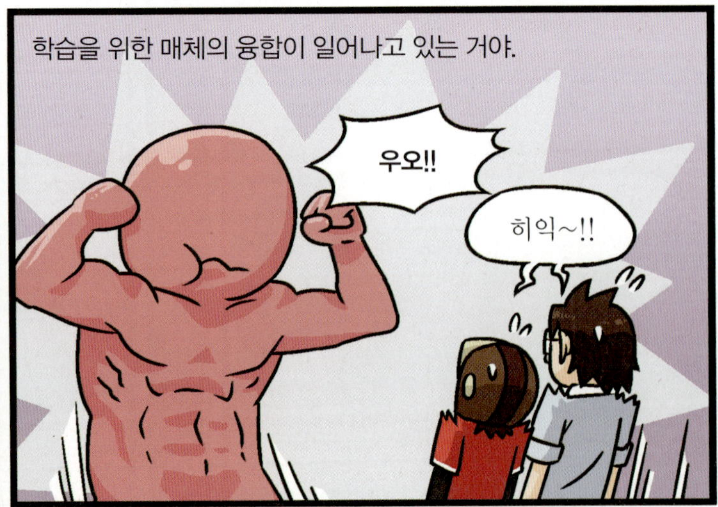

뿐만 아니라 각 학교마다 웹사이트가 존재해서,

학교나 학급의 소식을 학생과 부모에게 전달하기도 하고,

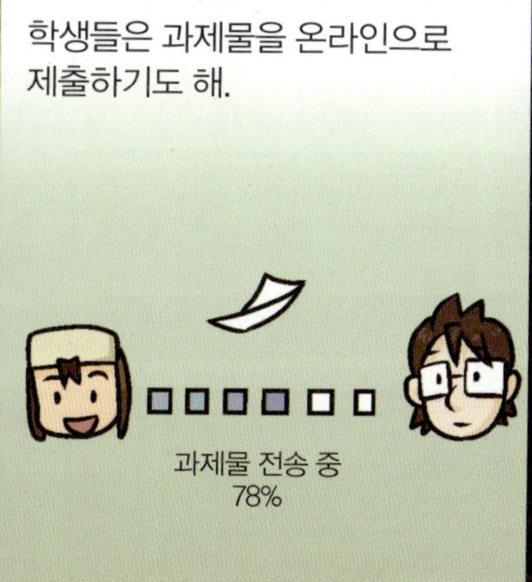
학생들은 과제물을 온라인으로 제출하기도 해.

또 노트 필기나 학습 자료 같은 것을 공유하기도 하지.

웹사이트뿐 아니라 모바일이나 MP4, PMP 등의 단말기를 이용해서
교육과 관련된 다양한 동영상들을 언제 어디서나 볼 수 있어.
디지털 기술의 발전이 교육을 변화시키고 있는 거야.

그렇지만 e-러닝의 단점은 실제 체험형의 학습이 불가능하다는 거야.
뭐야? 이거 말만 번지르르한 놈이었구만?
아… 아니….
e러닝

기존 학교 중심의 오프라인 교육보다 훨씬 다양한 예시로 지식을 전달할 수는 있지만,
이건 어때?
이건? 이건?
따분해….
e러닝

이 방법 역시 암기식 교육 방식에 불과하기 때문에,
스 으 ―
낼까지 못 외우면 혼난다….
예….

지식을 적용하여 문제를 해결하는 능력을 키우기에는 역부족인 거야.

그렇다면 문제를 해결할 수 있는 능력은 어떻게 길러지는 걸까?
쉽지 않네….
…

백문불여일견(百聞不如一見)이라는 말처럼 수백 번 듣는 것보다는 한 번 직접 눈으로 보는 것이 더 낫고,

수십 번 눈으로 보는 것보다 한 번 경험하는 것이 확실한 법이야.
너도 해 볼래?
저… 정말요?

경험과 관찰을 통해서 배운 지식을 적용할 때, 진정한 자기의 지식이 될 수 있는 거지.

그래서 미래의 교육을 연구하는 학자들은 디지털 기술을 이용하여 체험형의 학습을 할 수 있는 방법을 연구하기 시작했어.
유후~ 많구나~.

체험형이라는 것은 다른 말로 표현하면 시뮬레이션(simulation) 환경 속에서의 교육이야.
와우~ 내 쌀!!

쉽게 생각하면, 현장 학습 같은 형태이지.
앗~?! 내 쌀들!!

기존 교육에서의 현장 학습은 한계가 존재하지. 예를 들어, 지구 온난화에 대한 교육을 진행한다고 생각해 봐.
아우~ 더워~.

이산화탄소의 증가와 오존층의 감소, 그리고 해수면의 변화로 인한 지구의 생태 변화에 대한 교육을 어떻게 현장 학습으로 변화시킬 수 있을까?
할 수 있겠어?

북극을 방문해서 일정 시간 동안 빙하가 녹는 것을 지켜볼 수도 없고,
나무를 많이 심고, 대중교통을 이용하는 것이 먼 미래에 지구를 구하는 길임을 가시적이고 효과적으로 보여줄 수 있는 현장도 존재하지 않아.
흠….
?

그렇지만, 디지털 기술의 시뮬레이션 환경을 이용하면 이 모든 과정을 미리 체험하고 체득할 수 있게 되는 거지.
어른 하나 학생 하나요.
시뮬레이

컴퓨터로 현실과 똑같거나 앞으로 일어날 일들의 환경을 그대로 구현해 놓고,
우와~ 진짜같다~!! 선생님도….
난 진짜다.

학생들로 하여금 그 환경에 접속하여 체험하면서 시행착오들을 통해 하나하나 배워 가게 하는 거야.
으악!! 실패다!!
…

우주 탐험을 준비하는 비행사들이 우주와 똑같은 환경을 시뮬레이션해 놓고, 그 환경에서 비행에 대한 절차를 미리 연습하는 것과 같은 식이지.

교육의 효과라는 측면에서도 이처럼 체험형의 시뮬레이션 학습을 통해 체득한 교육이 다른 교육보다 월등하다는 것이 증명되었어.
시뮬레이션 학습
학습
XX 학습
2
1
3

결국, 디지털 기술을 적극 활용한 미래의 교육은 크게 두 가지 방향으로 진행되고 있는데,
갈림길?

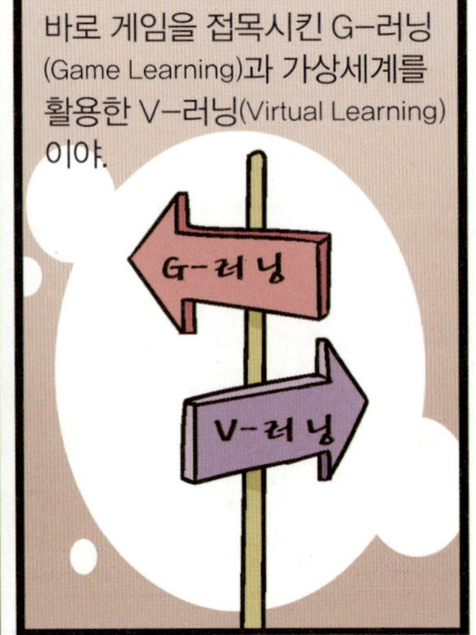
바로 게임을 접목시킨 G-러닝(Game Learning)과 가상세계를 활용한 V-러닝(Virtual Learning)이야.
G-러닝
V-러닝

우선, G-러닝에 대해서 먼저 알아보도록 하자.

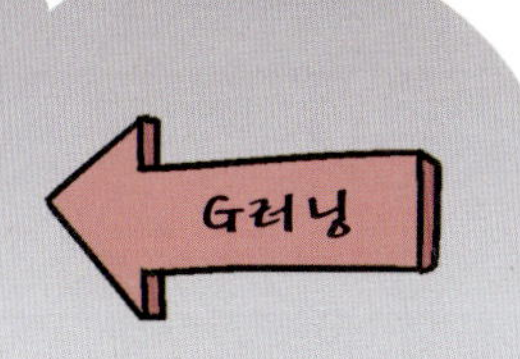

G러닝

유엔미래포럼 회장 제롬 글랜(Jerome Glenn)은 미래에는 교과목을 모두 게임으로 바꿔 가르쳐야 한다고 주장해.

교과목이 모두 게임으로 바뀐다니, 듣기만 해도 즐거운 이야기이지?
그렇게 좋냐?
생글
생글

게임은 그야말로 즐거움을 추구하는 여가활동이잖아.
에잇!!
얍!!

교육과 학습이라는 건 미래를 준비하기 위해서는 꼭 필요한 과정이고.
으이그, 하기 싫어….

우리끼리 하는 얘기지만 말이야.
하기 싫어.
하기 싫어.
하기 싫어.
하기 싫어.
하기 싫어.
하기 싫어.
하기…
하기 싫어.

배움에도 즐거움이 분명 있지만, 왠지 하기 싫고, 지루하고, 다소 따분한 과정이잖아.
으아아악!!! 누가 공부를 만든 거야!!

이처럼 일반적으로 생각했을 때, "해라. 해라." 해도 안하는 교육과
해라!!
해!!

"하지 마라. 하지 마라." 해도 하는 게임의 융합은
알았어.
알았어.
하지 마!!
하지 마!!

다소 모순적인 것처럼 보이는 게 사실이야.
여기에 이걸 끼우라고?

그럼에도 불구하고 왜 이 시대의 교육은 게임과 융합되고 있을까?
어때?

일반적으로 게임에는 짧은 목표가 주어지고,
약초를 구해 와라.

이를 완료했을 때 일정의 보상을 주는 형식으로 구성되어 있어.
수고했네.

목표 달성을 위해서 플레이어는 컴퓨터나 다른 플레이어와 상호작용을 하기도 하지.
약초가 어딨죠?
저기.

즉 게임을 플레이하는 과정에서 협력이 발생하고,
꽤 힘드네?
도와줄까?

스스로 문제를 해결하고자하는 적극적인 태도가 길러지고,
아니, 괜찮아.
아… 그, 그래.
왜 이래, 이 놈!

실제 문제를 해결하는 능력을 얻을 수 있는 거야.
무 좀 뽑아 놔라.
이건?

또한 게임을 통해 해결한 문제들은 굳이 기억하려 하지 않아도 잊히지 않는 특징을 가지고 있어.
훗, 이쯤이야….

특히 게임을 하면서 얻게 되는 '재미'라는 감성을 교육으로 옮긴다면,

미디어 학자인 마셜 매클루언(Marshall Mcluhan, 1911~1980)은

게임을 통해 영어를 배우고, 한자를 쓰고, 나아가서는 정치, 경제, 사회 전반을 체험해 보는 거야.

© World Food Programme.

© HopeLab.

© NDOORS Coporation.

조선 시대의 지명을 가진 마을이 100여 곳 존재하고 있어서, 게임을 플레이하는 것만으로도 자연스럽게 조선 시대의 풍습과 역사를 알 수 있어.

또한 선거를 통해서 각 서버의 대표인 '군주'를 선출하고,

당선된 '군주'는 약 한달 반 동안 서버를 다스릴 수 있는 권한을 부여받게 되는 등, 다양한 정치와 경제, 역사 시스템을 담고 있어서

이미 서울대와 중앙대 등의 경영학과 수업에 활용되어 에듀테인먼트(에듀케이션+엔터테인먼트의 합성어)의 선두주자로 잘 알려져 있어.

최근에는 정부의 지원하에 실험적으로 진행되고 있는 'G-러닝 프로젝트'에도 선정되어서 초등학교와 중고등학교에서 게임을 활용한 수업에 활용되고 있어.

뿐만 아니라 댄스와 함께 영어 말하기를 배우는 〈오디션 잉글리시〉,

© T3 ENTERTAINMENT, CO., LTD.

한자 학습을 신 나게 할 수 있는 〈마법천자문〉 등 G-러닝을 위한 게임들도 많이 등장하고 있어.

© (주) 북이십일.

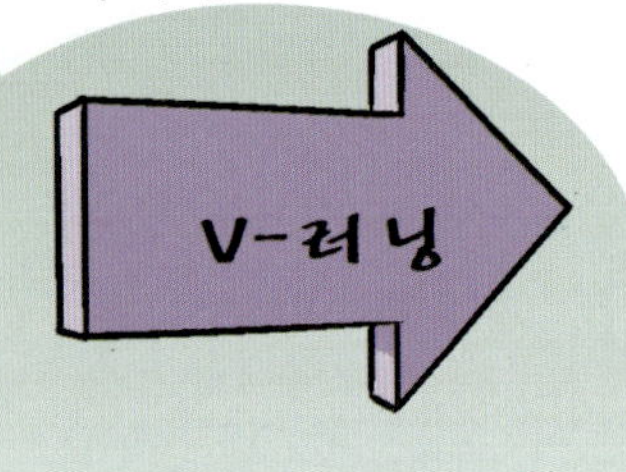

이번에는 가상세계를 활용한
V-러닝(Virtual Learning)은 뭔지
살펴보도록 하자.

V-러닝

몰입과 재미라는 두 개의 무기를 학습에 접목시킨 G-러닝에 비해
V-러닝은 토론과 협력의 요소가 더 강화된 미래형의 교육 형태야.

몰입
G-러닝
재미
토론
협력
V-러닝

게임을 통한 교육인 G-러닝의 한계는 바로
역설적이게도

그래 봐야 난 너의
한계를 알고 있다고.

우웃!!

G-러닝

이전 학교 교육이 가지고 있던 고유한 장점이었던,
상대와의 의사소통이 힘들다는 데 있어.

?

우리들이 보다 비판적인 사고를 할 수 있는
능력을 키우기 위해 중요한 것은 전통적 방식의
대화, 즉 면대면 대화를 통해서야.

끝장
토론

그런데 게임이라는 것이 너무나 기계적인 데다
계산된 과정의 연속이다 보니,

쟤 은근히
융통성이
없네….

게임

예측된 상황을 벗어날 수가 없고, 정해진 내용만
접할 수 있는 형태이거든.

약초를
구해 오게.

약초를
구해 오게.

약초를
구해 오게.

학습자 백이면 백, 다 다른 생각과 감성을 표현하는
토론식의 학습이나 창의적 학습,

그리고 깊이 있는 심화학습에는
다소 부적당한 거지.
야, 더 없냐?
뒤져서 나오면
맞는다.
게임
없어요.

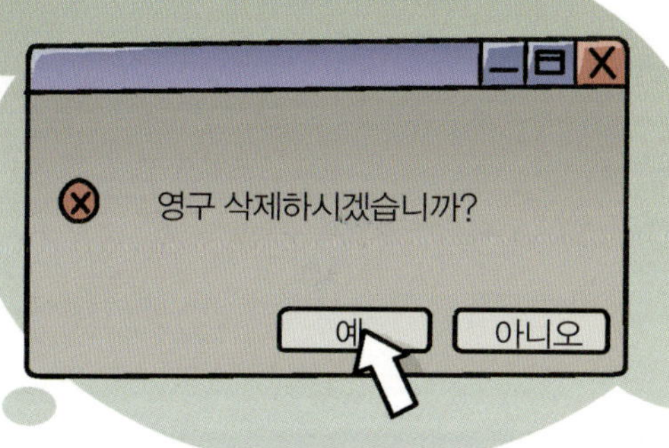

그야말로 디지털 기술로 인해서 아날로그적
감성과 정신이 소멸되어 버린 건데,
영구 삭제하시겠습니까?
예
아니오

이런 한계들을 극복하기 위해서 등장한 교육이
바로 협력과 토론 중심의 V-러닝이야.
우아아아!!
V-러닝

V-러닝은 〈세컨드라이프(Secondlife)〉와 같은
3D 가상 세계를 중심으로 활성화되고 있는데,

아바타를 이용해서
환자를 진찰하는 방법이나 X레이 등의
의료장비를 사용하는 방법을 학습하고 있어.
선생님,
머리가 너무
아파요.
아, 그러세요?

영국의 런던 임페리얼 대학에서는 〈세컨드라이프〉에
3D 병원을 지어 놓고,

또 교실이나 학교를 3D로 지어 놓고,

사용자들이 아바타로 그곳에 접속하여
의견을 나누는, 토론식의 가상(virtual) 강의를
진행하는 사례도 많이 찾아볼 수 있어.

화상 카메라를 이용하여 아바타가 아닌
실제 사용자의 모습을 보여 주면서
외국어 교육을 진행하는 경우도 있고 말이야.
안녕?
어, 그래….

이처럼 미래의 학교 교육은 디지털 기술 발달의 힘을 얻어
디지털 기술이
좋긴 좋네.
오오…
학교교육
디지털

좀 더 편리하게 다양한 정보들을 접하면서 효과적으로
학습을 할 수 있는 쪽으로 바뀌어 가고 있어.
우와~ 뭐부터 먹지?

그리고 미래에는 무거운 책가방 대신 디지털 교과서를 비롯한
수십만 권의 책을 저장할 수 있는 단말기를 들고 다닐 거야.

책 전체를 살 필요도 없이 필요한
부분만 구입해서 공부하면 될 것이고,
요만큼만
사야지….

누구나 선생님이 될 수 있는 학교, 배우는 즐거움을 평생 지속할 수 있는 미래의 학교는

게임처럼 가지고 노는 책이 온다!

텔레비전 광고를 통해 『해리포터』의 작가 조앤 롤링이 방금 새로운 판타지 소설을 출간했다는 소식을 들었다. 잔뜩 부푼 마음으로 아이패드를 꺼내 조앤 롤링의 신작을 다운받는다. 물론 전자 결제 덕에 책값은 자동으로 결제된다. 이제 재미있게 읽기만 하면 된다. 책을 사고 읽는 데까지 걸리는 시간은 5분도 채 걸리지 않았다.

먼 미래의 이야기가 아니에요. 지금 우리가 살고 있는 시대의 이야기예요. 물론 아직도 서점에 들러 책을 구입하는 경우가 대다수이지만, 이북(e-book)이라 불리는 전자책 시대는 우리 곁으로 성큼 다가왔어요.

인터넷 서점이 처음 등장했을 때만 해도 많은 사람들은 책이란 자고로 서점에 들러서 사야 하는 것이라 생각했어요. 적어도 처음 몇 장 정도는 직접 읽어 보고 골라야 하며, 무엇보다 그 자리에서 책값을 내고 책을 손에 넣을 수 있다는 행위 때문에라도 오프라인 서점을 선호했어요. 그러나 인터넷 서점의 다양한 서비스들이 마련되면서 책을 사는 방식에 변화가 생기기 시작했어요. 사람들은 미리 보기 서비스를 통해 컴퓨터로도 책의 일부를 확인할 수 있어요. 게다가 전문가의 리뷰나 미리 책을 구입한 독자들의 다양한 의견을 확인해 볼 수 있게 해 주어 사람들이 책을 선택하고 구입하는 데 많은 도움을 주죠. 무엇보다 할인 및 적립과 빠른 배송은 독자들로 하여금 인터넷 서점을 더욱 활발히 이용하게 하는 기폭제가 되었어요. 이처럼 인터넷 서점의 등장은 출판 시장의 유통 구조와 독자들의 소비 형태를 바꾸기에 충분했어요.

그리고 2010년 1월, 출판 업계에 커다란 사건이 하나 더 일어났어요. 바로 아이패드의 등장이에요. 아이패드의 등장은 15세기 구텐베르크의 활자 인쇄가 발명된 이래 '출판 시장의 혁신과 충격'이라 불릴 만해요. 출판 시장의 유통과 소비 형태

아이패드로 책을 읽는 모습.

뿐 아니라 새로운 독서 경험을 만들고 있기 때문이에요. 책을 둘러싼 거대한 변화가 시작된 것이죠.

물론 아이패드 이전에도 전자책을 볼 수 있는 기기들은 존재했어요. 미국의 인터넷 서점 아마존(Amazon)에서 출시한 킨들(Kindle)은 화면을 컴퓨터에 사용하는 액정이 아니라 전자 종이(electronic paper)로 만들어서 눈의 피로를 낮추면서 책을 읽을 수 있게 했어요. 책을 구입하는 방식에도 변화를 주었는데, 독자들은 킨들로 인터넷에 접속해서 원하는 책을 고르고 구입하여 바로 책을 읽을 수 있게 되었어요. 1,500권 정도의 책을 300그램도 안 되는 작은 기기에 모두 다운받을 수 있어요. 무거운 가방을 짊어지고 다닐 필요가 없어진 것이에요. 우리나라에서도 아이리버 스토리(Iriver Story), 비스킷(Biscuit)등 다양한 전자책 기기가 등장했어요.

전자책으로 출간된 『이상한 나라의 앨리스』와 『토이 스토리』.

하지만 아이패드는 종이 책과 마찬가지로 한 장 한 장 넘겨 가면서 읽도록 디자인된 전자책과 달라요. 아이패드로 출시된 『이상한 나라의 앨리스』나 『토이 스토리』는 책을 읽는 것뿐 아니라 미리 녹음되어 있는 목소리를 통해 내용을 들을 수도 있어요. 또한 부모의 목소리를 직접 녹음하여 자녀에게 들려줄 수도 있어요. 배경음악이 되는 노래를 들을 수도 있고, 간단한 애니메이션 영상을 보면서 상상의 나래를 펼 수도 있어요. 독자들은 아이패드를 위아래로 흔들어서 앨리스의 목을 늘리거나 줄어들게 할 수도 있고, 색칠 공부를 하듯이 『토이 스토리』의 주인공 우디에게 원하는 색을 칠할 수도 있어요. 더 이상 책을 읽기만 하지 않고 가지고 노는 시대가 온 것이에요.

8장 아직도 백화점에서 쇼핑하니?

대동강 물을 일금 4천 냥에 팔았다는 봉이 김선달 얘기 들어 봤니?
어흠.
….

대동강 나룻터에서 사대부 집에 물을 길어다 주는 물장수를 만난 김선달은
으쌰!!

일단 물장수들에게 엽전 몇 닢씩 건넨 뒤
부탁하네….
?!

그 엽전을 다시 자신에게 건네도록 시켜 두었지.
옛수~.
에헴!!

그리곤 엽전을 내지 않는 물장수에게는 호통을 쳤대.
자네는 왜 안 내는가?!

이 광경을 지켜본 사람들은 대동강 물이 김선달의 것이라고 생각하게 되었고,
?

경제 활동이 이뤄지려면 우선 생산과 소비가 필요해.

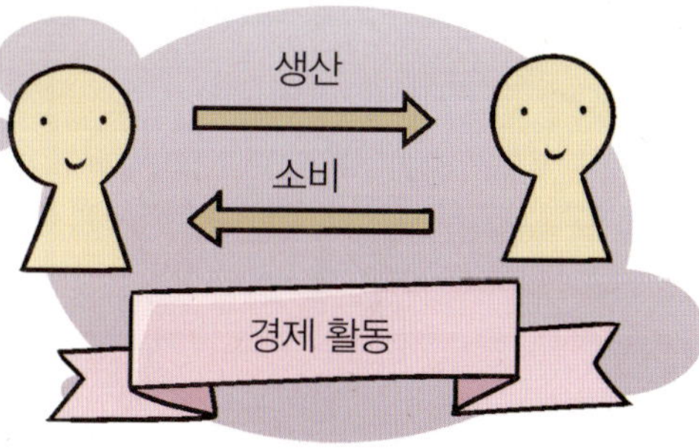

그런데 디지털시대에 들어서면서 이 물건이 실제의 물건이 아니라 가상의 물건으로 바뀌기 시작했고, 사람들은 가상 경제의 흐름을 만들어 내기 시작했어.

마치 재산을 이루는 실제 물건이 아닌 대동강 물을 판 봉이 김선달처럼 말이야.

실제 물건에서 가상의 물건으로까지 확장된 디지털시대의 경제 활동은

정보 통신 기술과 시스템 개발로 인해 디지털 문화 속에 나타난 새로운 사회제도라 할 수 있어.
1+1 행사 상품 입니다.
디지털

디지털 기술이 예술과 교육을 바꿔 놓았던 것처럼, 경제생활에 대한 의식구조와 문화 또한 획기적으로 바꿔 놓고 있어.
예술과 교육도 모자라 남이 돈 쓰는 것까지?
예술
교육

그렇다면 어떤 점들이 바뀌고 있는지 자세히 살펴볼까?

디지털 경제 활동의 핵심에는 전자상거래(electronic commerce)가 있어.

전자상거래는 인터넷을 통해 필요한 상품을 사고 파는 일을 가리키는 말이야.
좋은 제품 쓰시는 겁니다.
아, 그래요?

이때 우리가 거래하게 되는 상품은 크게 3가지로 나뉘어.
3가지.

첫째는 책이나 의류, 음식과 같은 '실제 상품',

둘째는 원거리 교육이나 의학적 상담과 같은 '서비스 상품',

마지막으로 뉴스, MP3 파일, 게임 아이템 등과 같은 '디지털 상품'들이 바로 그것이야.
MP3
WM

인터넷을 통해 실제 상품을 사는 경우를 생각해 보자.
부탁할게!!
넵!!

화폐가 만들어지기 전에는 물물교환을 통해 필요한 물건을 마련했어.
우디우디.
뭉디뭉디.

하지만 교환하는 물건들의 가치를 공정하게 비교할 수 없었기 때문에 점차 소금, 쌀, 조개껍데기 같은 실물화폐로 거래를 하게 되었지.

그러다가 지금 우리가 쓰고 있는 화폐가 등장하게 된 건데,
1000
5000
1000
500
10

화폐를 통한 거래의 역사를 살펴보면, 지금의 인터넷 거래에 대해 의문이 들기도 해.
의심스러운 게 한두 개가 아냐.
워워~.

우리는 물건을 살 때 물건이 제대로 된 것인지 여러모로 꼼꼼하게 살펴보고
?

물건 파는 아저씨에게 좀 깎아 달라고 흥정도 하고,

다음에 또 오겠다는 인사를 남긴 채 물건을 들고 집으로 향하잖아.
고맙습니다. 또 올게요!!

그런데 인터넷을 통해 물건을 구입할 때에는
인터넷상에 올라온 상품 사진과 설명만을
믿고 결제를 하게 되지.

상품에 대한 정확한 정보 없이 우리는 디지털
경제 생활을 누리고 있어.

더군다나 물건에 대한 값은 바로 지불했는데 물건은
소비자 손에 없잖아?

요즘은 결제한 후에 하루만 지나면 도착하는
배송 시스템이 도입되기는 했지만,
하루든 열흘이든 기다리는 건 기다리는 거라고.

이런 단점에도 불구하고 전자상거래가 활발해지고 있는 이유는
터지 겠다…

소비자들이 시공간의 제약 없이 원하는 상품을 마음대로 고를 수 있다는 데 있어.
새벽 3시에 팬티 차림으로 모레 입을 옷을 산다!!

굳이 프랑스에 가지 않아도 인터넷을 통해 에펠탑 기념품을 주문할 수 있는 거지.

인터넷을 통해 생산자와 소비자를 연결하는 직거래가 활성화되어서
에펠탑 기념품 어디서 사요?
음….

중간 소매상 없이 제주도의 한라봉과 횡성의 한우를 판매자로부터 싼 가격에 직접 구입할 수도 있고,
제 주 도
횡 성

사고 싶은 책은 서점이 닫는 시간을 고민할 것 없이 24시간 언제든지 살 수 있어.
에휴~ 그 책을 못 샀으니 어쩌지?
어쩌긴… 온라인이 있잖아?

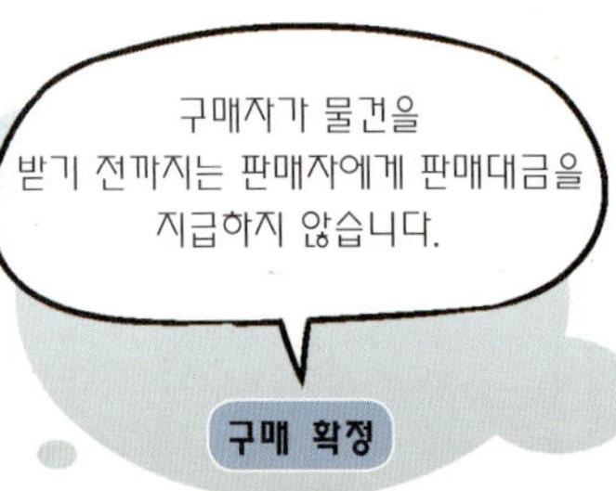

특히 건강상의 이유나 거리상의 이유로 학교를 다니지 못하는 학생들에게 디지털 기술을 활용한 교육은 매우 중요하다고 할 수 있어.

또 의료나 여행, 그리고 상담과 같은 무형의 서비스들도 인터넷을 기반으로 이루어지고 있어.

디지털 경제의 두드러진 점은 뭐니 뭐니해도 세 번째, 디지털 상품 거래의 등장이야.

디지털 상품이란 디지털로 생산되고 유통되고 소비되며 저장할 수 있는 모든 상품을 말해.

배송이 필요 없기 때문에 가격을 지불하면 실시간으로 소비자 컴퓨터 속으로 상품이 저장되게 되고,

상품을 자신이 하고 싶은 대로 재생산할 수도 있지. 상품 경제라는 측면에서 본다면 분명 획기적인 일임에 틀림없어.

하지만 재생산이라는 특징 때문에 뉴스, 음악, 영화와 같은 엔터테인먼트 상품들의 불법 다운로드 문제가 생겨나기도 해.

디지털시대가 열리면서 음악이나 영화 등 예술 창작의 가치를 클릭 한 번으로 짓밟고 있는 것이 바로 불법 다운로드야.

불법 다운로드를 받는 개인은 돈을 아끼면서 영화나 음악 등을 즐길 수 있어서 이득인 것처럼 느껴지겠지만,
아싸~ 돈 굳었다~.
다운로드

이런 일들이 반복되면 창작자들의 창작 의지가 감소하여
찌~릿

문화 산업이 갈수록 어려워질 수밖에 없어.
나, 안 해!!

그러면 불과 몇 년 후엔 우리가 울고 웃으면서 누렸던 문화적 풍요로움을 누리기가 쉽지 않게 될 거야.
뭐야, 왜 내용이 거기서 거기인 거야?

불법 다운로드를 근절하기 위한 법과 제도 이전에
엥?

우리 스스로가 누군가의 작품을 허락 없이 이용하는 일이 도둑질과 같다는 인식을 갖고, 보다 가치 있는 디지털 경제 활동을 이뤄 나갈 수 있게 되길 바라.
미안합니다.
다운로드 근절
불법 복제 반대
불법 다 반대

자, 다시 본론으로 돌아와서, 이 시대가 주목하고 있는 또 다른 디지털 상품 거래는 바로 아이템(item) 거래야.
아이템의 원래 뜻은, 컴퓨터의 파일의 데이터에서 가장 작은 단위나 항목을 말하지만,
음…. 그렇군.
흔히는 게임이나 가상 세계에서 사용되는 모든 물건들을 말해.

아바타가 입을 의상을 비롯한 장신구들,
좀 더 빠른 속도로 공간을 이동시켜 줄 탈것,

그리고 강력한 공격력을 가진 마법검에 이르기까지,

게임을 좀 더 적극적으로 즐기도록 하는 물건들이 바로 아이템이야.
♪

원래 아이템은 게임을 플레이하는 과정에서 보상으로 얻어지는 건데,
이건 보상일세….

이때 획득한 아이템은 플레이어에게 직접 도움이 되는 것일 수도 있고, 그렇지 않을 수도 있어.
….
허허.

현실 세계에서와 마찬가지로,
만약 필요 없는 아이템을 얻었을 때는,
이걸 어디다
쓰라고….

이것이 필요한 사람들에게 되팔게 되는데,
이 과정이 바로 게임에서의 아이템 거래야.
누구 살
사람 없나?
대형 마늘
팝니다

아이템 거래 시스템은 게임 개발사가 합법적으로
거래할 수 있도록 한 경제 시스템과

사용자들끼리 암암리에 불법적으로 거래하는
경제 시스템, 두 종류가 있어.

합법적인 아이템 거래는 게임에 존재하는
아이템 거래소 등을 이용해 자신에게
필요 없는 물건을 등록하여 판매함으로써,
쓰지 않는 아이템
삽니다!!
아이템
거래소

게임 머니를 얻는 방식으로 운영돼.
10골드 주지.
얘개?
파는 것뿐 아니라 본인의 게임에 도움이 되는 아이템을
사기도 하지.
아저씨,
이 칼 얼마예요?
10골드.

아이템 거래소를 이용할 뿐만
아니라

게임의 채팅창에 "마법의
물약 팔아요." 라고 메시지를
남겨 놓을 수도 있고,

개인 상점을 열고 아이템을
살 사람을 기다리다가 거래를
하는 등 다양한 방법이 존재해.

그러나 불법적으로 이루어지는 아이템 거래에서는
아이템뿐 아니라 게임 캐릭터의 계정이나 게임 머니도
거래되고 있어.

이런 형태의 거래를 현금 거래라고 하는데,

거래를 통해 강력한 아이템을 사게 되면
게임에 시간을 투자할 필요가 없이 게임의
승률을 올릴 수가 있기 때문에

전 세계적으로 아이템 거래가 활성화되고 있는 거야.

© Electronic Arts Inc.

© NCsoft Corporation.

© NEXON Corporation.

디지털 상품 중 가장 최근에 생겨난 것은 바로 사용자가 직접 만들어 유통시키는 사용자 생성 콘텐츠들이야.

사용자 생성 콘텐츠는 또다른 말로 UGC(User Generated Contents)라고 하는데,

이와 같은 콘텐츠들이 가능한 이유는

디지털 기술이 보편화되어 손쉬운 '툴(도구)'이 제공되고 있기 때문이야.

〈세컨드라이프〉와 같은 가상 세계에서는 3D 물건이나 아바타를 만들 수 있는 툴을 이용해서

사용자가 직접 의상을 디자인해서 판매하고,

다양한 애니메이션 동작을 제작, 판매해서 수익을 얻기도 해.

그 대표적인 인물이 바로 〈세컨드라이프〉에서 활동하고 있는 안시 청(Anshe Chung)이야.

그녀의 실제 이름은 아일린 그라프로 중국계 기업가야

그녀는 가상의 〈세컨드라이프〉 세계에 토지를 사서 지형을 만들고 그 위에 환상적인 3D 주택을 지어서 다른 사용자에게 판매하는 부동산 사업으로
……
Anshe's House

백만 달러 이상의 수익을 올리면서 일약 스타가 되었어.
$

2006년 미국의 「비즈니스 위크」의 표지를 장식할 정도였으니 그 인기를 알 만하지? 그야말로 디지털시대의 봉이 김선달이지 않아?
Business
Virtual World, Real Money
She's fictional, lives inside an online game, but earns thousands of actual dollars there.

이처럼 디지털시대의 새로운 경제활동들은 우리의 거래 방식, 소비 모습, 그리고 경제에 대한 생각을 바꿔 놓고 있어.

재미 노동이라는 말은 니콜라스 이(Nicholas Yee)라는 학자가 2000년부터 2003년까지 3만 명의 북미 가상 세계 사용자들의 활동을 연구한 결과에서 나온 말이야.

그의 연구 조사에 따르면 일주일에 평균 22시간을 게임과 가상 세계에서 보내는 평균연령 26살의 사람들은

시간이 지날수록 현실 세계의 노동과 똑같은 인내심을 요구하는 진지한 체험이 되는 변화를 겪는다고 해.

게임을 지배하고 있는 새로운 규칙을 학습해야 하고
오란물약은 체력과 마법을 반씩 채워 주는구나…
…

레벨을 높이면서 살아남기 위해 위험한 몬스터들을 죽여야 하며
덤벼라!!

새로운 아이템도 만들어야 하는 거야.
깡
깡

육체적, 정신적 피로에 사로잡히지만,
뭔가 이상한데?

겉보기에 노동과 똑같아 보이는 이 과정을
사용자들은 노동으로 받아들이지 않고
놀이의 일종으로 받아들인다고 해.
난…
놀고 있는데…
왜….

사용자들은 플레이를 하는 동안
캐릭터와 자신이 같은 인물이라는 느낌을
경험하고
현실
가상현실

현실 세계의 시간의 흐름은 잊은 채 자발적으로
힘든 일을 하고 있는 거지.
근데, 내가 여기서 얼마 동안…
있었더라?

디지털시대에 적합한 새로운 노동을 만들어 내서 미래형 직업을 만들 수 있을 것으로 보여.

굿 다운로더가 됩시다

대한민국 국민의 75퍼센트, 약 3천 5백만 명이 인터넷을 사용해요. 또한 많은 사람들이 영화와 음악을 다운로드해서 즐기죠. 우리나라에서 다운로드는 이제 너무나 자연스러운 행동이 되었어요. 그러나 이러한 행동이 창작자의 허락을 구하지 않은 불법이라는 점과 그 불법 시장이 매우 크다는 점에서 네티즌, 저작권자 모두 큰 혼란과 손실을 경험해야만 했어요. 평범한 네티즌들이 저작권법 위반으로 고소를 당하는가 하면 영화, 음악, 책 등을 만드는 사람들은 불법 다운로드 시장으로 인해 정당한 대가를 받지 못하면서 창작 활동에 어려움을 겪고 있어요.

가장 큰 문제는 불법 다운로드에 대한 사람들의 인식에 있어요. 2008년 영화진흥위원회의 소비자 조사 결과 불법 다운로드가 '문제 있다'는 인식은 43퍼센트로, '문제가 전혀 없다'(27.5퍼센트)거나 '모르겠다'(29.8퍼센트)는 57.3퍼센트에 비해 낮게 나타났어요. 불법 다운로드에 대한 인식이 심각한 수준임을 알 수 있어요.

또한 P2P 등을 통한 불법 다운로드 이용 횟수가 50회 이상인 사람들 가운데 15~19세의 청소년 비율이 34.8퍼센트라고 해요. 청소년들이 저작권에 대한 인식이 형성되기도 전에 인터넷을 통한 불법 다운로드에 익숙해지고 있다는 점은 큰 문제이죠. 이는 청소년들이 불법인 줄 모르고 업로드를 했다가 저작권 침해로 고소를 당하거나 합의를 해야 하는 상황에 이르는 사회 문제를 낳고 있어요.

이러한 악순환의 고리를 끊기 위해 영화계에서는 네티즌에게 '굿 다운로더'라는 새롭고 현실적인 대안을 모델로 제시하고 있어요. 굿 다운로더는 창작물을 합법적인 온라인 공간에서 적정한 대가를 치르고 다운로드하는 사람들을 말해요.

굿 다운로더 캠페인의 공동 위원장인 배우 박중훈의 말대로 영화를 DVD나 비디오로 보듯이 다운로드를 통해 컴퓨터에서 보겠다는 것은 나쁜 일이 아니에요. 그

굿 다운로더 캠페인.

경로가 합법적이냐 아니냐가 문
제예요. 미국의 경우에는 전체
다운로드 시장의 67퍼센트 이상
이 합법적이며 영화 음악, 사진

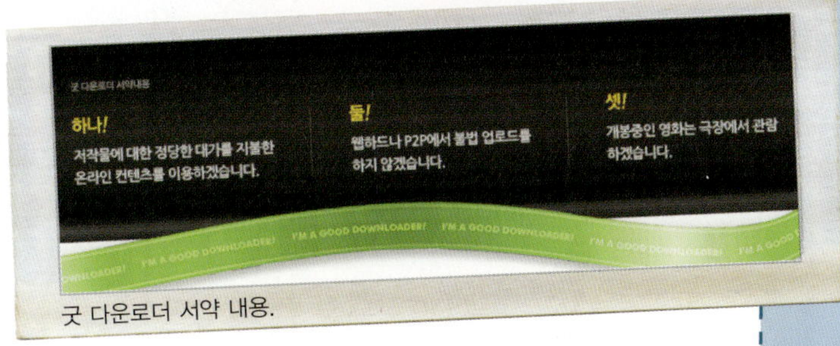

굿 다운로더 서약 내용.

등을 합법적으로 다운받을 수 있는 아이튠즈, 블록버스터 등의 다양한 사이트들이 있어요. 최근 국내에서도 합법적인 온라인 다운로드를 위한 사이트들이 등장하고 있어요. 국내에서는 곰TV, 네이버, 다음, 맥스무비, 벅스 등이 대표적인 합법 다운로드 서비스를 주도하고자 노력히는 사이트예요.

그렇다면 영화 다운로드에 대해 잘못 알고 있는 몇 가지를 알아볼까요?

첫째, 영화 파일을 무료로 다운 받는 것도 저작권법에 위반될까요? 그렇습니다. 많은 네티즌들은 파일 업로드만이 불법이라고 알고 있는데 불법으로 업로드된 콘텐츠를 무료로 다운로드 받는 것 역시 저작권 위반이에요.

둘째, 돈을 내고 받았으면 괜찮은 것일까요? 꼭 그렇지는 않아요. 사이트나 게시된 자료가 합법적인지가 중요해요. 합법적인 사이트라면 사용자가 결제한 금액의 일부를 저작권자에게 지불하도록 되어 있어요. 불법 사이트들은 네티즌들이 지불한 돈을 창작자와 나누지 않고 자사 수입으로 취급해요. 이를 구분할 수 있는 쉬운 방법은 해당 콘텐츠가 제휴되어 있는지를 확인하는 것이에요. 합법 다운로드를 제공하는 사이트들은 이를 반드시 표시하고 있어요.

셋째, 한국 영화가 아닌 외국 영화 다운로드도 불법일까요? 답부터 말하면 불법이에요. 외국 영화 역시 저작권법 보호대상이에요. 한국이 불법 다운로드 천국이라는 오명을 벗고 문화 선진국으로 갈 수 있는 발판을 다질 수 있도록 외국 영화의 저작권 또한 지켜줘야 해요.

* 위 내용은 굿 다운로더 캠페인 보도자료에서 발췌한 내용입니다.

9장 디지털시대의 두 가지 얼굴

학식이 높은 지킬 박사는 인간 내면에서 선과 악을 따로 분리해 낼 수 있는 약품을 개발하게 되고,

자신을 실험 대상으로 삼게 되지.

약을 마신 지킬 박사는 나쁜 짓만 하는 악의 결정체 하이드 씨로 변하고,

온갖 악한 행동들을 일삼으면서 살아가게 돼.

결국 지킬 박사가 하이드 씨를 통제하지 못하면서 비극적 죽음을 맞이한다는 게 소설의 줄거리야.

그런데 디지털 기술 역시 지킬 박사와 하이드 씨처럼 두 얼굴을 가진 것 같아.

디지털 기술 덕에 세상은 분명 편리해지고 풍부해졌어.

때론 아이들의 안전을 위해 디지털 기술을 사용하기도 하는데,

휴대전화과 같은 기기들을 이용해서 아이들의 위치 정보를 부모에게 전달해서

실종이나 납치 사건 등을 사전에 막거나,

간질과 같은 특수한 질병이 있는 아이들은
안 돼!

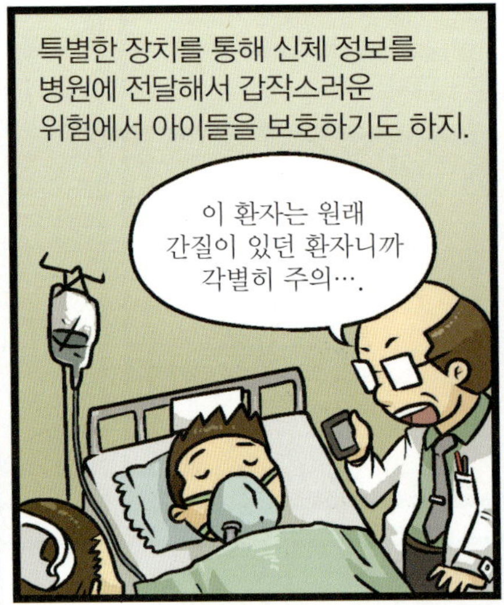

특별한 장치를 통해 신체 정보를 병원에 전달해서 갑작스러운 위험에서 아이들을 보호하기도 하지.
이 환자는 원래 간질이 있던 환자니까 각별히 주의….

하지만 이렇게 긍정적인 측면만 있는 건 아냐. 90년대 중반 인터넷이 일반인들에게 널리 활용되면서
누구나 다 이용할 수 있어요.

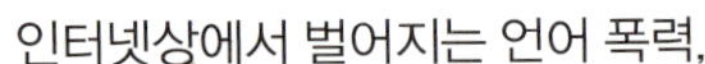

인터넷상에서 벌어지는 언어 폭력,

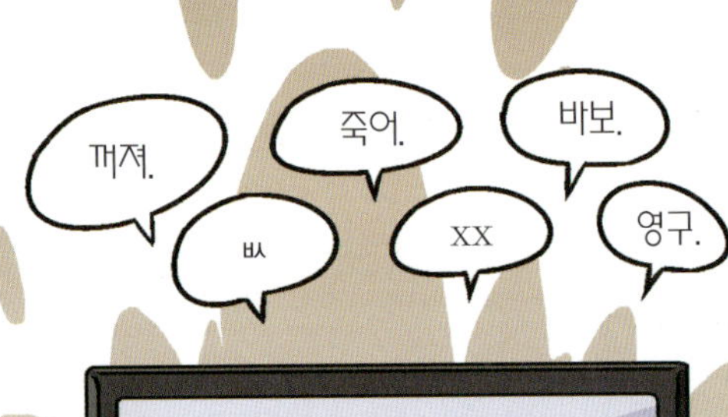

꺼져.
죽어.
바보.
ㅂㅅ
XX
영구.

사이버상에서 여러 정체성을 갖게 되는 혼돈과,
아잉~ 오빠~ 찡찡이 배고파욥 ♥
우욱!!

인터넷에 중독되는 문제,
왜 이래?
헤헤헤.

그리고 폭력성까지,
으익!!
야!
윽.

디지털 기술로 인한 사회적 문제들이 하나둘 생겨나기 시작했어.
이런!!
후후후.
사회적 문제
사회적 문제
사회적 문제

새로운 커뮤니케이션 기술인 디지털이 우리에게 새로운 공포를 몰고 온 거야.

우선, 온라인의 가장 큰 특성 중 하나인 익명성 때문에 생겨나는 언어 폭력을 살펴보자.

디지털 기술이 발달하기 이전에 우리는 서로 의견을 나누려면 얼굴을 마주하고 대화를 했었어.

말 한마디가 자신을 나타내기 때문에 깊이 생각하고 조심스럽게 말하는 것을 중요하게 여겼지.

게다가 자신의 말을 듣는 상대방을 직접 눈으로 볼 수 있었기에, 말이 얼마나 무서운 것인지를 경험할 수 있었어. 하지만 온라인상에서는 그런 경험이 없기 때문에 '악플러'가 생기기도 쉬웠지.

그런데 사실 악플러보다 더 큰 문제는 사이버 다중 인격이라는 거야.

사이버 다중 인격은 인터넷의 익명성을 빌려 현실에서는 지킬 박사 같던 사람이 가상 세계에서 하이드 씨처럼 변하는 것을 말하는데,

이름, 직업, 나이, 성별, 학력 등을 모두 가짜로 만들고 사이버 세계나 심지어 현실 세계에서까지 완전히 새로운 '나'로 활동을 하지.

사이버 다중 인격은 가상 세계에서 활동하는
동안 현실의 성별을 바꾸기도 해.

대표적인 사례로, 현실의 남성이 사이버상에서는 여성으로
활동했던 다중인격자 알렉스(Alex)/조안(Joan)이 있어.

얼굴이 못생기고 몸이 불편했던 정신과 의사
알렉스는 사이버상에서 '조안'이라는 이름을
가진 여성으로 활동하면서,

현실에서와는 달리 여러 여성들과 마음을
터놓고 지냈어.

그런데 조안을 따르는 사람들이 많아지면서
사람들이 오프라인에서 조안을 만나고 싶어 했던 거야.

알렉스는 자신이 남성이라는 사실이 들통 날까 봐,

사이버상에서 조안의 남편인 척하면서
그녀가 심각한 병에 걸려서 병원에
입원했다고 거짓말을 했지.

조안으로서의 생활을 끝내려고 했던 거야.
안녕, 조안~.
완전 어이없다!!
그동안 조안을 여러분께 감사

그렇지만 얼마 안가서 알렉스의 거짓 사이버 생활은 들통 나게 되고,
정말?
뭐야? 네가 그동안 연극한 거였어?
알렉스 알렉스

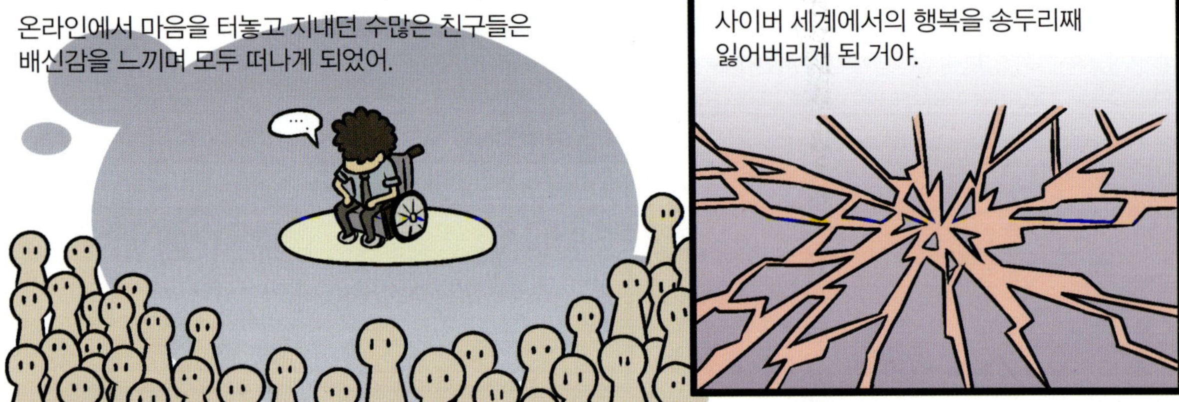

온라인에서 마음을 터놓고 지내던 수많은 친구들은 배신감을 느끼며 모두 떠나게 되었어.
…
사이버 세계에서의 행복을 송두리째 잃어버리게 된 거야.

악플보다 사이버 다중 인격이 더 큰 문제라고 말하는 이유는
사이버 다중인격
악플

악플러들은 스스로 마음을 먹고 현실을 제대로 깨우칠 수 있지만,
야~ 이거 내가 당하니까 장난 아니네?
악플들

사이버 다중 인격자들은 현실의 내가 진짜인지 인터넷 세상의 내가 진짜인지 구분이 안 갈 정도로
누가 누군지 알 수가 없어….

스스로를 통제할 수 없는 정도에 이른 심각한 상태이기 때문이야.
헤~.
후후.
히히.

그녀는 자신이 유명 가수의
9년 된 비밀 애인이라고 믿은

….

존 레논 부인의
블로그입니다.

인터넷 중독자는 퀭한 눈을 하고
헤~.

초점 없이 흐릿한 눈동자를 뜨고
머~엉

구부정하게 다니는 일이 흔하지.
으어어~.
으어~.
으…
…

2009년 행정안전부가 발표한 인터넷 중독 실태 조사에 따르면, 우리나라의 인터넷 중독자 수는 200만 명이래.
우글
우글

그중 청소년 중독자 수는 104만 명, 성인이 96만 명,
96
104

당장 치료를 받아야 하는 중독자도 16만 8천 명에 이른대.
상태가 심각하구만….
헤헤헤.

인터넷에 중독된 사람들은 자기도 모르게 인터넷에 접속해 시간을 보내곤 해.
아니, 내가 왜 너랑 어깨동무를?!
신경 쓰지 마.

일정 시간 이상 인터넷을 사용하지 못하게 되면,
꺅!
꺅!

초초하고 불안한 마음을 어찌할 수 없는 상태가 되고,
가만히 좀 있어라.

무의식적으로 자판을 두드리는 행동을 보이기도 하지.
너 뭐하냐?
응?

특히 청소년들, 즉 디지털 네이티브들은 디지털 기술을 누리는 방법을 어른들보다 더 잘 알기 때문에,
캬캬캬!!

온라인에서 보내는 시간이 많은 게 자연스럽고 당연한 일이기도 해.
아~ 이젠 여기가 더 편해.

우리나라의 10대들은 하루 평균 2시간가량을 온라인에서 보낸다고 하는데,
왔냐?!
야아~.

계획보다 인터넷을 사용하는 빈도와 시간이 더 늘어나는 경우나
우와앗, 넘친다!!

인터넷을 하느라 다른 일을 못하는 경우라면 인터넷 중독을 의심해 볼 만해.
헉!!
헤~.
가만히 좀 있어라.

특히 몰입성이 강한 게임은 그 중독성이 더 심각하게 나타나고 있어.
난 심한 것도 아냐….
어? 형?
몰입성이 강한 게임
인터넷 중독

몰입이라는 능력은 사실 바르게만 사용되면 능률을 올려 주는 효과적인 능력이야.
이상하게 재미있네?
♪~

현재 자신의 능력으로는 벅찬 과제가 있을 때,
꼭 정상까지 오르고 말 테다!!
그것을 해결하고자 할 때 생겨나는 것이 바로 몰입이지.

시간 가는 줄 모르고 어떤 일에 푹 빠져 있는 상태를 말하는 거야.
음….
15
14
13

심리학자인 미하이 칙센트미하이(Mihaly Csikszentmihalyi, 1934~)의 말을 빌리면, 몰입은 '미치도록 행복한 나를 만나는' 동기가 되곤 하지.

게임은 처음부터 끝까지 '내'가 주인공이 되는 세상으로,
와~.

도전해야 하는 목표와 그에 따른 보상이 완벽하게 균형을 갖춘 세상이야.
목표
야야… 조심해.
보상

그래서 게임은 몰입으로 이끄는 시간이 월등히 많은 놀이 중 하나가 된 거지.
애들아 이리 온~.
와아!
와!
몰입성이 강한 게임

게임을 하다 보면 쓸데없는 생각도 안 들고, 괴로운 마음도 없어지잖아.
지금 그런 걸 신경 쓸 시간이 어디 있어?

그래서 많은 사람들이 사회생활에 대한 막연한 두려움이나 현실도피로 게임에 빠져들게 되는데,

게임에 중독된 사람들은 남녀노소에 상관없이 게임을 기분전환용으로 즐기는 상태를 넘어
어어~.
기분 전환용

일상의 리듬을 망가뜨리면서까지 비정상적인 삶을 살아가곤 해.
뭐야, 아직 밤 8시밖에 안 됐네….
아침이다, 이놈아!!

그들은 하루 종일 게임을 생각하느라 일상적인
삶을 살지 못하기도 해.

친구도 안 만나고,
…

운동도 안하고,
헛둘!
헛둘!
힘들어!

거짓말을 일삼지.
늑대가 나타났다!!

전자파에 오랜 시간 노출되는 탓에
건강에도 문제가 생겨.

두통, 수면부족,
어디가 아파요?
머리도 아프고 잠을 못 자요.

그리고 손목 통증과
뭐야!! 빨리 일해!!
제가 손목이 결려서….

거북목 증후군까지.
…
형~.

그런데 게임으로 인한 여러 부작용 중에서 가장 무서운 것은
바로 게임의 폭력성일 거야.

인기가 많은 게임들을 살펴보면 폭력적이고
선정적인 그래픽과 내용으로 만들어진 것이
대부분이야.

디지털 네이티브답게 거의 모든 청소년들이 게임을 접하고 있는 디지털시대에
게임의 폭력성이 청소년들에게 많은 영향을 끼치는 것은
당연하다고 할 수 있지.

디지털 게임 안에서 청소년들은
쉽게 무기를 소유하거나 팔 수도
있어.

또 무기를 이용해서 다른
플레이어의 캐릭터를 죽이곤 하지.

많은 게임들의 미션이
상대 캐릭터를 죽이는 것이고,

오히려 많이 죽일수록 보상을 많이 주고,

높은 순위를 차지해 다른 플레이어들로부터
부러움을 사게끔 되어 있어.

특히 청소년들에게는 현실과 게임의 이중 생활이
자칫 가치관의 혼란을 일으킬 수도 있는데,

게임에서 익숙해진 폭력을 실제 현실에서
저질러서, 사고를 일으키는 경우도 있어.

실제로 미국 FBI는 1999년에 벌어진 미국 컬럼바인 고교의 총기 난사 사건이
게임의 폭력성과 관계가 깊다고 발표하기도 했었어.

게임 중독으로 인해 너무 많은 폭력을 경험한 청소년들이
실제 폭력의 위험을 망각한 탓에 이런 일이 벌어졌던 것 같아.

그래서 요즘에는 보호자가 게임을 하는 청소년을
관리할 수 있도록 여러 장치들이 생겨났어.

홈페이지를 통해 얼마나 오래 게임을 했는지
정보를 알려 주기도 하고,

어떤 게임들은 하루 한두 시간 이상으로는 게임을
할 수 없도록 아예 차단을 하기도 해.

흔히 부모님들이 게임을 하는 청소년들에게
그만하라는 잔소리를 하시잖아.
우리 아들
또 오락하니?

그럴 때 무조건 기분 나쁘게 받아들일 일이 아니라
왜 그런 말씀을 하시는지를 잘 생각해 보자고.
…

게임 중독이 불러오는 여러 문제점도 잘 생각해 보고.
우글   우글

게임에 중독되지 않도록 스스로 절제할 수 있는
성숙한 플레이어가 되도록 해야 해.
좋아!!
오늘은 여기까지!!

그 외에도 게임 속 아이템을 사기
위해 부모나 친구의 돈을 훔치는
경우도 있고,
드르렁~.

사이버상에서 도박을 즐기거나

외설적인 동영상을 쉽게 접하는
일도 문제가 될 수 있어.
oh~.   ah~.

독이 될 수 있는 것들에까지 무방비로 노출되기 때문에.

게임을 통한 모방 범죄가 일어나기도 해.
게임 보고 따라해 봤대요.
정말?

하지만 앞에서 얘기한 것처럼
그러게, 내가 말했잖아.
사실, 그 이전에도 있었던 문제들이야.
음….
내 탓만이 아니라고….

이런 문제들이 디지털시대의 윤리가 제대로 자리 잡기 전에 먼저 대중에게 확산되었던 거지.
주의 사항을 읽어 보세요~.
유해콘텐츠
와아~.

결국 양날의 칼과 같은 디지털은 어떻게 사용하느냐에 따라 부정적으로도, 그리고 긍정적으로도 평가받을 수 있어.
디지털
조심해!! 손 베인다!!

디지털은 때로는 몸이 자유롭지 못한 사람에게
와아~
와

온라인 게임 안에서 자유로운 움직임을 느낄 기회를 제공해 주고,

친구도 없고 매사에 자신감도 없는 사람에게는
….

채팅을 통해 마음과 마음을 나누는 진정한 친구를 만나 자신감을 회복할 수 있게 도움을 주기도 해.
오늘 저녁식사 어때요?
네~ 좋아요.

노래나 춤이나 그림 같은 예능에 솜씨가 있지만 어떻게 뽐내야 하는지를 모르는 청소년에게는
?
?
?

디지털 기술이 많은 사람들 앞에 설 수 있는 기회를 제공해 주기도 하지.
UCC 오디션

MIT의 과학사회학 교수인 셰리 터클(Sherry Turkle)의 말처럼, 진짜 삶보다 더 실감나는 사이버 공간에서의 삶이 지나치지만 않는다면,

실제 현실에서 잠시 벗어남을 통해
이야호!!

현실에서는 마주하지 못했던 새로운 '나'를 발견하면서,

새로운 자유를 만끽하고,
덤벼라!!
또 너냐?

현실을 보다 풍요롭게 살아갈 수 있을 거야.

현실에서는 마법사가 아닌 거 알지?

아빠와 괴물 놀이를 하고 있는 꼬마 아이를 생각해 보자. 아빠는 괴물 흉내를 내며 아이를 쫓아간다. 아이는 괴성을 지르며 옆방으로 도망친다. 아빠의 소리가 들리지 않자 아이는 방문 밖으로 고개를 빼꼼 내민다. 아빠가 다시 괴물을 흉내 내기를 바라는 마음으로 말이다. 아이의 기대를 알고 있는 아빠는 다시 괴물 소리를 내며 아이를 들어 올린다. 아이는 깜짝 놀라서 소리를 지르며 아빠 괴물을 공격한다. 아이는 비명을 지르고 있지만 아빠와 단지 놀이를 하고 있는 중이라는 것을 알고 있기 때문에 얼굴엔 웃음꽃이 피어 있다.

아빠와 아이는 현실이 아닌 허구적인 세계에서 '괴물인 척', '괴물에게 쫓기는 척'을 하고 있어요. 이것이 바로 역할 놀이이며 게임에 임하는 우리들의 자세예요. 역할 놀이는 영어로 롤플레잉(role-playing)이라고 하는데, 게임을 하는 수많은 플레이어들은 '내가 다른 사람이라면'이라는 설정으로 게임을 시작해요. 실제 세계와는 다른 게임 안에서 나는 괴물을 물리치는 전사가 되기도 하고 동료들의 체력을 회복시켜 주는 치유사가 되기도 해요. 이처럼 디지털 게임에서의 나는 현실 세계의 나와 달라요. 외모는 물론이고 성별, 성격, 해야 하는 일, 할 수 있는 일 등이 모두 다르죠.

미네소타 주립대학교의 사회학과 교수인 데니스 와스컬(Dennis D. Waskul, 1952~)은 게임이라는 특수한 상황에서 사람들이 어떻게 분리되고 조절되는지를 연구했어요. 그는 게임을 하는 사람은 현실 세계에 존재하는 개인(person), 게임 세계에 존재하는 캐릭터인 페르소나(persona), 그리고 게임 속 캐릭터를 조정하는 플레이어(player) 이렇게 세 주체로 나뉠 수 있다고 말해요.

페르소나는 전사, 마법사, 치유사 등의 역할을 하는 인물을 의미해요. 원래 페르소나라는 말은 연극배우가 쓰는 가면을 일컫는 말

연극에서 가면을 쓰듯이, 게임을 하는 사람 역시 페르소나를 가져요.

미네소타 주립대학교의 데니스 와스컬 교수.

로 플레이어들은 게임 캐릭터를 통해 페르소나를 갖게 돼요. 디지털 게임의 페르소나는 그들이 태어나면서부터 갖게 되는 본성이나 자질보다는 플레이어의 선택과 결정에 의해 형성돼요. 때문에 현실 세계에 존재하는 개인이 성장하는 것처럼 롤플레잉 게임에서의 페르소나 역시 발전할 수 있는 수많은 가능성을 갖게 돼요.

반면 플레이어는 페르소나를 플레이하는 게이머를 가리켜요. 각 플레이어는 게임의 룰을 알고 어떤 상황에서 어떻게 움직여야 하는지, 어떤 선택을 해야 하는지를 알아야 해요. 페르소나가 지닌 능력도 잘 파악해야 해요. 만일 페르소나에 대한 능력을 잘 파악하지 못하고 있다면 절대로 게임에서 승자가 될 수 없을 것이에요.

마지막으로 학생, 회사원, 의사 등 일상생활을 영위하는 현실적 자아인 개인이 있어요. 현실 세계의 개인은 현실의 지식이 게임에 반영되지 않도록 해야 해요. 개인이 현실과 게임의 경계를 분명히 인지하지 못하면 문제가 생겨요. 예를 들어 사람을 죽여서는 안 된다는 현실 세계의 지식을 게임에 적용한다면, 게임 속 캐릭터는 게임을 원활하게 진행할 수 없어요. 무시무시한 괴물의 역할을 선택한 플레이어는 그 자신의 본래 모습을 뒤로하고 일상과 분리된 일탈로서의 놀이를 경험하고 있는 것이에요. 결국 게임을 하는 사람들은 현실 세계의 자신인 개인과 게임 세계에서 활동하는 페르소나, 그리고 이 둘을 연결시키고 중재하는 플레이어 사이를 오가며 현실에는 없는 환상적인 세계를 경험하게 돼요.

10장 디지털시대의 미래는 어떤 모습일까?

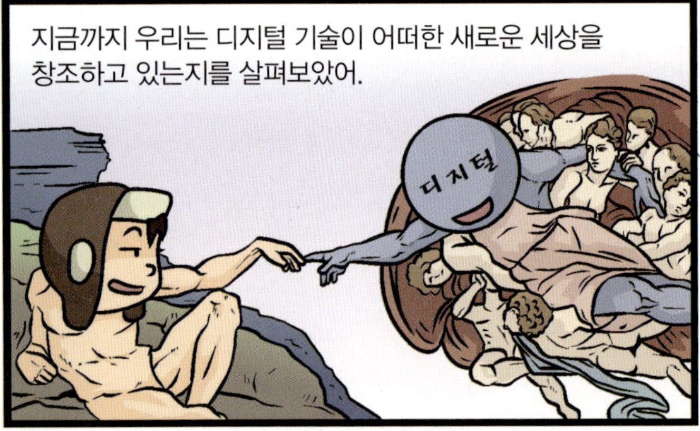

그러면서 이성보다 감성, 즉 개성·자율성·다양성·대중성 등을

디지털 기술에 결합시키기 시작했어.

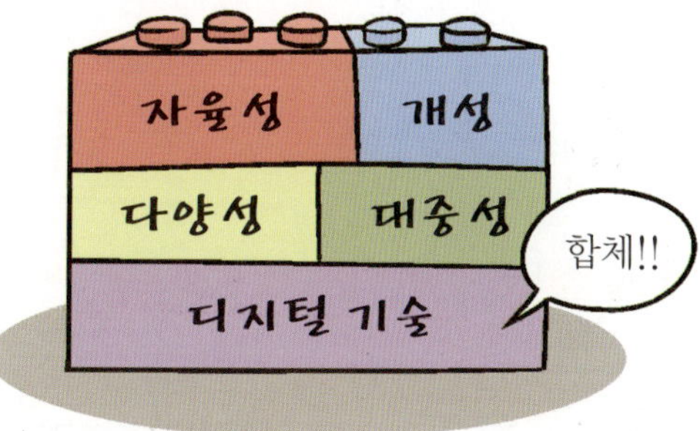

원래 패러디(parody)라는 말은 그리스어인 paradia에서 온 말로, '반(反)하다', '이외에'라는 뜻을 가지고 있는데,

패러디란 원본이 되는 특정 작품의 소재나 작가의 문체를 흉내내어 또 다른 작품을 만드는 것을 말해.

그런데 요즘은 이런 모방에 익살스러움이 덧붙여져서 대중들로부터 많은 공감을 받는 경우들이 있어.

TV와 영화는 물론이고 컴퓨터를 켜기만 하면 재미있는 패러디들을 만날 수 있지.

이런 문화 현상은 문화의 수용자들이 또 다른 생산자가 되도록 이끌기도 하지.

다양한 UCC(User Created Contents)
형태의 예술들 역시

컴퓨터 기술이 만들어 낸 새로운 삶을 살기 위해
다양한 디지털 기술을 이용하고 있는 거야.

매직 서클은 모든 문화의 기원을 놀이로부터 찾고 있는 요한 하위징아(Johan Huizinga, 1872~1945)가 말한 표현이야.

하위징아는 인간이 '호모 사피엔스'나 도구를 쓰는 인간이라는 뜻인 '호모 파베르'가 아니라

'호모 루덴스' 즉, '놀이하는 인간'에 가깝다고 주장한 학자야.

놀이는 그저 문화의 한 종류가 아니라,

모든 문화에 묻어 있는 기본 성질이라는 게 그의 생각이야.

태어나면서부터 놀이를 경험하며 사는 우리는 자신의 삶을 놀이를 통해 표현한다는 것이지.

하위징아는 장소와 지속성에 따라 일상적 '삶'과 '놀이'를 구분하고 있어.
삶
놀이
너희들은 노는 것 밖에 모르냐?
뭐야?

놀이는 제한된 시간과 장소 속에서만 하는 것이고,
큰 도로로 나가지 말고.
네!!

놀이 고유의 과정과 의미가 존재하지.
술래가 모두 찾아내면 돼!!

놀이에는 처음과 끝이 존재하게 되고
못 찾겠다, 꾀꼬리~!!

놀이의 과정에서 인간은 스스로 비밀스러운 분위기를 만들며
어우~ 얘 어디 숨은 거야?

놀이 외의 것에 대해서는 신경을 쓰지 않은 채 스스로를 놀이에 속한 사람으로 여기고 또한 행동도 그렇게 하게 돼.
영수야, 너 거기서 뭐하냐?
와하하, 찾았다!!

매직 서클 안에 있을 때 우리는 현실과는 전혀 다른 질서를 만들어 내게 돼.

그 질서에 따라 우리는 회사에 출근하는 아빠가 되기도 하고,

즉 디지털 세계에는 별도의 질서가
존재하고 그 지배를 받기 때문에,
정령의 흔적을
찾아 주게.

그 세계를 통해 새로운 삶을 접하는 우리들 역시
그에 적합한 자아를 형성하게 되는 거야.
지원!! 지원!!
우워~

디지털 공간을 탐험하는 우리들은
어째…
으스스한설?
디지털

2D 혹은 3D로 구현된
아바타(Avatar)를 통해서
디지털 공간에 참여하곤 하지.
엥? 그냥
갈 수는 없어?
그런가 봐.
미안.

참고로, 아바타라는 건 흔히 카니발과 같은 축제에서 볼 수 있는
가면이나 변장과 같은 것이라고 생각하면 돼.
어때?
나 좀 멋져?

아바타 역시 0과 1의 디지털 기호로
만들어진 인공적인 것이지만, 그것은
'나'를 대신하는 '또 다른 나'의
역할을 하지.
으아아!!
넌 누구야?
'나'는
'너'야.

아바타를 통해 컴퓨터 세상으로 들어간 우리는
우와~.

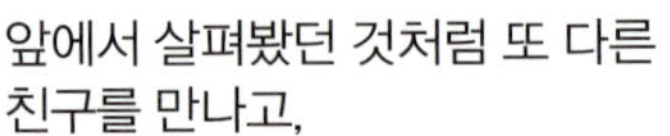

앞에서 살펴봤던 것처럼 또 다른 친구를 만나고,
안녕.
안녕.

교육도 받으면서
얘는 여기서도 자냐?

디지털 공동체에 적응하면서 생활하게 되지.
- 안녕하세요?
- 서울 사세요?
- 아, 맞나?
- 나 사투리 잘하재?
- 쫌 배웠다 아이가.
- 안녕하세요?^^
- 아뇨, 저는 대구 살아요.^^
- 어? 사투리;;
- 어… 쫌 하네?
- 근데, 대구는 아니네?

때론 수천 마리의 괴물들을 물리치며 위기에 빠진 게임 월드를 구하는 영웅으로 살아가기도 해.

영화 〈매트릭스〉의 네오처럼 끊임없이 자기 복제를 하는 스미스 요원이 쏘는 총알을 피하기도 하고 말이야.

그런데 말이야,
응?

우리 삶의 많은 부분을 보내고 있는 디지털 세계에서의 생활은 어디까지가 진짜이고 어디까지가 허구일까?
이건 뭐, 너무 리얼해서 원….

영화 〈스타 워즈 에피소드 2〉의 한 장면. ⓒ 21세기 폭스사.

온전히 상상력으로 이루어진
이 영화 재미있대.

허구의 이야기를 보여 줄 때에도

입체 안경을 이용해 평면 스크린 속 주인공과
악수를 할 수 있는 것처럼 느끼게 하고,
우와~ 리얼하다.

움직임이나 촉각 그리고 후각까지 동원해서
감각을 넓히고 있잖아.
꺄악!!
와~.
4 D

디지털 세계의 중심에는 이 모두를 움직이는 힘을 가진 우리가 자리하고 있으며
상호작용을 하고 있기 때문에 디지털 세계가 실재가 아니라고 무시할 수는 없을 거야.
와아~.

우리는 이제 컴퓨터와 대화를 하는 모습도
낯설지 않은 디지털시대를 살고 있으니까.

그렇다면 지금의 디지털시대,
그리고 미래의 디지털시대를 준비하는
우리의 태도는 어때야 할까?
음….
디지털

2004년 미국의 한 경제 전문지는
Business
2004

앞으로 펼쳐질 디지털 세계에서 미국을 제치고 한국이 막강한
영향력을 행사하게 될 거라고 예상했어.
아자!!

한국의 초고속 인터넷 등의 보급률이
세계에서 가장 앞서고 있는 것으로 볼 때
영국
미국
한국

정보화시대를 선도하고 있다는 분석이었지.
나를 따르라!!
와아

2006년 영국의 한 일간지 역시
DAILY

미래를 연구하는 학자들이 가장
기대하는 나라는 미국이나 유럽이 아니라
한국이라고 보도했어.
우왁!!
으악!!

초고속 인터넷 서비스가
가능한 나라이며,
빠르다!!

'사이버 행동주의'와 블로그 활동이 전 세계를 선도하고
있기 때문이래.
사이버
행동주의

특히 젊은이 10명 중 9명이 활동하고 있는
온라인 공간에서는
미니홈피
있는 사람?
저요!!
저요!!
저요!!

아바타를 통해 또 다른 세상을 만들어 나가며,
오랜만!!
안녕!!

그곳에서 가상의 친구들과 취미, 게임, 정치 등과
관련된 다양한 교류를 나누고 있어서

디지털시대의 미래를 이끄는
선진 시민들로 성장하고 있다는 거야.

맹인모상(盲人摸象)이라는 말을 들어 봤니?
장님이 코끼리 만진다는 그 말이요?
맞아.

'장님이 코끼리 만지다.'라는 뜻의 이 말은 불교 경전인 『열반경(涅槃經)』에 나오는 말인데,

미래의 디지털시대를 준비하는 우리들에게 많은 교훈을 주는 말이야. 왜 그런지 생각해 볼까?
알겠느냐?

옛날 인도의 어떤 왕이 진리에 대해 말하다가
장님 여섯을 불러 코끼리를 만지게 했대.
…

그런 뒤에 왕은 여섯 장님에게 각자 자기가 알고 있는 코끼리에 대해 말해 보도록 시켰는데,
그래, 코끼리가 어찌 생긴 것 같더냐?

코끼리의 상아를 만져 본 장님은
음….

"폐하, 코끼리는 무처럼 생긴 동물입니다."라고 했고,
코끼리는 무처럼 생긴 동물입니다.
풉!!

귀를 만져 본 장님은
음….

"코끼리는 곡식을 까불 때 사용하는 키처럼 생겼습니다." 라고 했고,
코끼리는 곡식을 까불 때 사용하는 키처럼 생겼습니다.

음….
그리고 다리를 만진 장님은

"코끼리는 절굿공이처럼 생긴 동물입니다."라고 말했다는 거야.
코끼리는 절굿공이처럼 생긴 동물입니다.

코끼리는 하나지만 여섯 장님은 제각기 자기가 알고 있는 게 진실인 줄 알고 자기 주장만 했지.
뭐래는 거야?
뭐가 어째?

다른 사람의 이야기에 귀를 기울이거나 이해하려고 하질 않고 말이야.
도대체 어떻게 생긴 동물이야?

디지털을 대하는 우리의 태도도 장님이 코끼리를 대하는 태도와 닮은 데가 있어.
?
?

디지털이라는 게 코끼리와 같이 거대해서
디지털
?

어느 한 부분만 보고 이렇다 저렇다 말할 수 없는데도 불구하고,
자네 맨발로 숯불 위를 걸을 수 있나?
디지털
?

우리는 디지털의 한 부분만을 보고
아니, 그건, 불가능하지… 않나요?
디지털

쉽게 디지털에 대한 정의를 내려 버리기 하지.
의지 부족!
아… 아닙니다!! 할 수 있습니다!!
자신감 과잉!
예?
디지털

미래의 디지털 문화를 이끌어 갈 우리들은
디지털시대의 핵심이 컨버전스(convergence),
즉 융합이라는 걸 잊지 말고,

자신의 개성을 드러내기 위해 노력하는 것만큼이나

다른 사람의 개성도 존중하고,
와우~.

쉽게 융합하고 또 쉽게 분리하는 융통성 있는 정신을
가지기를 바라.

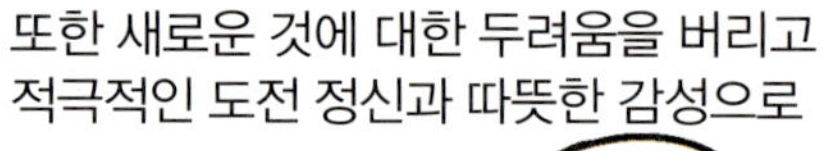

또한 새로운 것에 대한 두려움을 버리고
적극적인 도전 정신과 따뜻한 감성으로

좋아!!
디지털

다양한 경험과 새로운 실험을 통해 풍성한 소득을
얻을 수 있길 바라.
실례합니다!!
디지털

지금의 미래 학자들이 예견하는 것처럼,
우리나라가 디지털의 무궁무진한 미래를 이끌어 가게 될 것임에 틀림없을 거야.

내 귀에
도청 장치가 있다!

　　우리나라 방송 사상 최악의 방송 사고로 꼽히는 사건이 1988년 8월 4일에 일어났어요. MBC '뉴스 데스크' 방송 도중 낯선 사람이 앵커의 마이크로 다가와 "내 귀에 도청장치가 있습니다."라고 외친 것이에요. 앵커뿐 아니라 모든 방송 관계자들은 당황했어요. 뉴스를 시청하던 시청자들 역시 급작스럽게 벌어진 이 사건을 어떻게 받아들여야 할지 몰랐어요. 과연 이 사람은 누구이고 왜 그런 말을 했을까요? 나중에 밝혀진 일이지만 그는 정신 이상자로 평소에 누군가가 자신을 미행하고 있다고 생각하는 사람이었어요. 그가 살아가고 있는 세계는 진짜 현실의 세계와는 다른 환영(illusion)의 세계였던 것이죠. 사실과는 상관없는 환영이 그 남자에게는 현실이었던 것이에요.

　　영화 〈매트릭스〉는 이와 비슷한 맥락의 이야기를 담고 있어요. 2199년 미래, 인간의 지능을 뛰어넘는 컴퓨터들이 지배하는 세상에서 인간은 태어나자마자 인공지능의 에너지원으로 활용돼요. 이 사실을 알게 된 주인공 네오는 가상 세계의 꿈속에서 살아가는 인류를 구원하기 위해 전사로 거듭나요. 인류가 살아가고 있는 가상 세계는 진짜가 아닌 가짜 세계를 의미하죠.

　　사실 최근까지 영화를 비롯한 수많은 콘텐츠 속에서 가상은 진짜가 아닌 것, 마치 진짜인 것처럼 꾸민 것에 불과하다는 비관적인 모습으로 보이고 있었어요. 그러나 2000년대를 지나면서 가상의 개념이 바뀌고 있어요. 피에르 레비 등의 학자들을 중심으로 가상을 가짜와 혼동해서는 안 된다는 주장들이 등장하기 시작한 것이에요. 가상은 가짜가 아니라 손으로 만질 수 있는 실재(actual)에 반대되는 개념으로 해석해야 한다는 주장이에요. 지금 가지고 있는 것은 아니지만 앞으로 받게 될 것, 물리적이지는 않지만 가짜라고도 말할 수 없는 것 등 가상은 숨어 있는 가능

영화 〈매트릭스〉에서 인류는 가상 세계에 살아요.
ⓒ 실버 픽처스.

성을 가진 것이라는 낙관론이 대두되고 있어요.

한 인터넷 사이트의 지도 서비스.

한 인터넷 사이트의 지도 서비스 광고 내용이에요. 디지털 기술이 발전하면서 굳이 그 장소에 직접 방문하지 않아도 그곳의 모습을 입체적으로 볼 수 있는 시대가 됐어요. 요즘의 지도 서비스들이 이미지 지도나 항공 촬영 사진을 활용했던 기존과 달리 실제 거리의 사진을 360도로 모두 찍어 보여 주고 있기 때문이에요. 특히 스마트폰의 등장으로 장소와 시간의 구애를 받지 않고 언제 어디서든 접속해서 가상으로 그곳을 방문할 수 있어요. 부동산의 역할도 스마트폰이 대신하고 있어요. 스마트폰의 카메라로 건물을 비추면 내가 원하는 집의 크기와 가격 등 다양한 정보를 확인할 수 있어요. 집주인이 올려놓은 정보뿐 아니라 집단 지성을 이용해 사람들의 평가까지도 함께 불 수 있어요. 디지털 기술로 인해 가상과 현실의 경계에서 유용한 정보를 얻으면서 살아가고 있는 것이에요.

이처럼 사용자가 보고 있는 실제 세계 정보에 가상의 정보를 혼합하여 제시하는 콘텐츠와 기술들은 증강 현실(Augmented Reality)이라고 불러요. 가상을 바라보는 시각이 긍정적이든 부정적이든 우리는 이미 인터넷 가상 공간을 떠돌며 충분히 많은 시간을 보내고 휴대용 기기로 항상 인터넷을 하면서 가상과 현실이 융합된 세계 속에서 살아가고 있어요.

융합형 인재를 위한 교과서 넘나들기 핵심 노트

넘나들며 읽기

새롭고 창의적인 키워드를 만들어 내기 위해서는 기존의 개념을 잘 이해해야 합니다. 창의적인 것이란 이 세상에 존재하지 않는 것을 만들어 내는 것이 아니라 기존의 것들을 잘 섞고 혼합하여 폭을 넓히면서 만들어지는 것이니까요. 이 책에서 읽은 내용을 바탕으로 창의적인 사고를 펼쳐 볼까요?

아날로그와 디지털을 넘나드는 디지로그 원리!

창조적인 발상이란 편견과 고정관념을 깨뜨리는 것이에요. 그런데 편견이나 고정관념은 흔히 이분법으로 세상을 나누어 보는 경우가 많아요. 좋은 것은 좋고 나쁜 것은 나쁘다는 이분법의 고정관념이 바로 그것이에요. 예를 들어 이전의 사업에서 성공을 거둔 사람과 실패를 했던 사람 중 한 명을 고용한다면 누굴 선택할까요? 실패를 해 봤던 사람은 왜 실패를 했는지 알기 때문에 성공을 할 가능성이 높지 않을까요? 쓸모없다거나 무의미하다고 생각했던 것에서 새로운 가능성을 보기 위해서는 이분법적인 사고를 뒤집거나 새롭게 볼 수 있어야 한다는 이야기예요.

물론 이분법은 때로는 세상을 보는 통찰력을 제공해요. 예를 들어 유명한 정치사상가인 아이자이어 벌린은 세계사의 천재들을 고슴도치와 여우형으로 분류했어요. 벌린에 따르면 고슴도치는 모든 것을 하나의 원리로 환원하려는 사람이고, 여우는 혼란스러울 정도로 다양한 것들을 동시에 받아들이는 사람이에요. "여우는 많은 것을 알지만 고슴도치는 하나의 큰 것만을 안다." 우리는 이런 구분을 통해서 여우형의 인재가 필요한 곳에서는 '한 우물만 파는' 고슴도치형의 인재가 실패하리라는 것을 쉽게 이해할 수 있어요. 아날로그와 디지털이라는 이분법 역시 '여우와 고슴도치'처럼 세상을 이해하기 위해 매우 중요한 개념이에요. 아날로그적인 기계가 있고 디지털적인 기계가 있는 것처럼 사람의 생활 방식에도 아날로그와 디지털이 나뉠 수 있어요.

하지만 창조적인 발상, 창조적인 진화란 이런 이분법을 이해한 뒤에 극복하는 것이에요. 살아가는 환경이 달라진다면 겨울에는 고슴도치처럼 굴을 파고 봄이 오면 여우처럼 돌아다니는 고슴여우라는 새로운 종으로 진화해야 살아남을 수 있기 때문이에요. 그러므로 현대 사회가 디지털적이고 그 이전의 사회가 아날로그적이었다는 이분법적인 이해는 한편으로는 옳지만 한편으로는 극복되어야 할 편견이에요. 디지털의 기반과 아날로그의 감수성이 융합되어야 한다는 디지로그의 원리는 그러한 창조적인 아이디어의 필요성을 말해요. 이 시대는 우리 사회나 삶에서 어떤 것들이 디지털적이고 어떤 것들이 아날로그적인지, 아날로그적인 것이 디지털적인 것으로 바뀌어 가면서 생겨나는 현상은 어떤 것인지 생각해 보기를 요구해요.

이때 가장 먼저 해야 할 것은 특징이 장점이자 단점이 된다는 것이에요. 앞에서 말한 예를 다시 들자면, 여우의 다재다능함은 변화하는 환경에서는 장

점이지만 끈기가 필요한 환경에서는 단점이 돼요. 반대로 고슴도치의 끈기와 집중력은 오랜 노력이 필요한 곳에서는 미덕이지만, 변화에 빠르게 적응해야 하는 사회에서는 어리석음으로 보일 수 있어요. 디지털과 아날로그 역시 마찬가지예요. "대충 점심 때 보자."는 아날로그 식의 약속은 "12시 30분에 보자."는 디지털 식의 약속보다 흐리멍텅해 보여요. 아마 약속 시간이 서로 어긋나기 쉬울 것이고 누군가는 시간을 낭비하게 되겠죠. 하지만 사람의 몸은 디지털의 리듬대로 움직이지는 않아요, 공부 계획을 위한 시간표를 짤 때 아날로그적인 '여유'를 첨가하지 않고 분 단위로 세밀하게 시간표를 짠다면 아마 몸이 적응하지 못할 거예요.

디지털과 아날로그의 장점을 통합하는 것은 절반씩 섞는다는 뜻은 아니에요. 디지털과 아날로그를 절반씩 섞는다는 사고방식부터가 디지털적인 오류이기 때문이에요. 융합과 통합은 장단점을 분리해서 본 뒤에 서로를 조화 있게 결합하는 디지로그적인 지혜를 요구해요. 정확한 지식(디지털)만이 강조되는 것이 아니라 그에 결합된 감수성(아날로그)에 대한 이해가 결합되는 것이 바로 융합의 지혜 디지로그예요.

- 아날로그의 시대가 끝나고 디지털의 시대가 새로 시작되는 것이 아니라, 두 시대는 공존하는 것일까요?

- 두 요소를 공존시키는 데 가장 필요한 것은 무엇일까요?

창의적 독서란 책이 주는 정보를 정보 그대로 이해하는 것이 아니라 자기 것으로 만드는 독서를 일컫는 말입니다. 이 책에서 넘나들기를 한 분야 외에 세상의 많은 분야와 정보들이 모두 이 책을 중심으로 뻗어나갈 수 있을 것입니다. 이 질문은 여러분들이 창의적인 상상을 할 수 있도록 도와주는 것들입니다. 책의 내용과 관련지어 다음과 같은 질문들에 간단하게 생각을 해봅시다.

시루떡의 특징이 디지털의 원리를 잘 보여 준다고 말한다면, 어떤 이유에서 그런지 그 내용을 정리해 봅시다. 시루떡 외에도 디지털의 원리를 잘 보여주는 다른 사례를 생각해 볼 수 있을까요? 예를 든 뒤에 어떤 이유에서 그런지 설명해 보도록 합시다. (4장)

생각이 잘 떠오르지 않으면 일단 시루떡과 비슷한 대상에서부터 시작해 보세요. 예를 들어 햄버거는 어떨까요? 아니면 바로 옆에 있는 사물들에서 디지털의 원리를 찾을 수 있나요? 마지막으로 디지털의 원리들을 적어 보고 그에 해당하는 사물들을 찾아보아요. 이렇게 여러 각도에서 생각해 볼 때 다양한 답이 떠오르게 됩니다.

다음의 대화에서 나타나는 "디지털 네이티브"(아이)와 "디지털 이미그런트"(엄마, 아빠)의 생각의 차이를 간단하게 설명해 보도록 합시다. (3장).

아이 : "엄마, 방금 TV에 나온 것 좀 다시 보여줘."
엄마 : "TV는 지나간 화면을 다시 보여주지 못해."
아이 : "응? 무슨 소리야. 그럼 고양이를 보여줘."
아빠 : "TV는 원하는 걸 찾아서 보여주는 게 아냐."
아이 : "이해를 못하겠어."

영화를 예로 들어 생각해 보아요. 예전에는 영화를 보려면 개봉했을 때 극장을 찾아가서 봐야만 했죠. TV가 만들어진 이후에는 영화가 나오는 시간에 맞추어 TV를 틀면 영화를 볼 수 있게 되었어요. 여전히 극장이나 TV를 통해 영화를 보고 있지만 이제는 또 다른 매체가 생겨났죠? 바로 인터넷이에요. 인터넷을 통해 영화를 보는 것은 극장이나 TV와는 또 어떻게 다를까요?

에듀테인먼트(edutainment)란 교육(education)과 놀이(entertainment)의 합성어로, 게임을 즐기면서 공부를 할 수 있다는 말을 담고 있습니다. 자신이 직접 체험해 본 에듀테인먼트의 사례를 생각해 보고 어떤 면에서 놀이로 느껴지고 어떤 것을 공부할 수 있었는지 설명해 봅시다. 그리고 자신이 그러한 게임이나 놀이를 만든다면 어떤 형태로 만들지 자유롭게 생각해 봅시다(6장, 7장).

아주 쉽게 낱말 맞추기와 같은 퍼즐 놀이로부터 시작해도 좋아요. 제한 시간 내에 문제를 풀면 점수를 얻기도 하고 남는 시간만큼 보너스를 주기도 하죠. 친구와 승부를 걸어 더 빨리 맞추는 쪽이 이길 수 있게 하기도 하고요. 하지만 이것은 단순한 형태에요. 학교에서 배우는 교과목들을 재밌게 놀이로 만드는 방법은 없을까요?

이어령의 교과서 넘나들기 디지털편

| 펴낸날 | 초판 1쇄 2010년 12월 15일 |
| | 초판 7쇄 2016년 1월 27일 |

콘텐츠 크리에이터	이어령
지은이	이동은
그린이	나연경
기 획	손영운 · 모해규
펴낸이	심만수
펴낸곳	㈜살림출판사
출판등록	1989년 11월 1일 제9-210호

주소	경기도 파주시 광인사길 30
전화	031-955-1350 팩스 031-624-1356
홈페이지	http://www.sallimbooks.com
이메일	book@sallimbooks.com

| ISBN | 978-89-522-1526-0 03500 |
| | 978-89-522-1531-4 (세트) |

※ 값은 뒤표지에 있습니다.
※ 잘못 만들어진 책은 구입하신 서점에서 바꾸어 드립니다.
※ 본문에 수록된 도판의 저작권에 문제가 있을 시
   저작권자와 추후 협의할 수 있습니다.